名石文化

张 柏 主编

图书在版编目(CIP)数据

名石文化 / 张柏主编. --北京 : 中国文史出版社，2019.8

（图说中华优秀传统文化丛书）

ISBN 978-7-5205-1779-9

Ⅰ. ①名… Ⅱ. ①张… Ⅲ. ①观赏型－石－文化－中国 Ⅳ. ①TS933.21

中国版本图书馆CIP数据核字(2019)第270243号

责任编辑：秦千里

出版发行：中国文史出版社
社　　址：北京市海淀区西八里庄69号院
邮　　编：100142
电　　话：010-81136606　81136602　81136603（发行部）
传　　真：010-81136655
印　　装：廊坊市海涛印刷有限公司
开　　本：16开
印　　张：14
字　　数：186千字
图　　幅：286幅
版　　次：2020年1月第1版
印　　次：2020年1月第1次印刷
定　　价：98.00元

编者的话

中华民族有五千年的历史，留下了许多优秀的文化遗产。

作为出版者，我们应承担起传播中华优秀传统文化的责任，为此，我们组织强大的团队，聘请大量专业人员，编写了这套“图说中华优秀传统文化丛书”。丛书共10册，分别为《瓷器文化》《玉器文化》《书法文化》《绘画文化》《钱币文化》《家具文化》《名石文化》《沉香文化》《珠宝文化》《茶文化》。

从2015年下半年图书选题立项，到如此“大块头”的丛书完成，历时4年多。

如何创新性地传播中华优秀传统文化，是我们最先思考的问题。以往讲述传统文化，大多不离“四书五经”“诸子百家”等高堂讲章。经过反复论证，我们决定从瓷器、玉器、书法、绘画、钱币等10个专题入手，讲述它们的起源、发展历程和时代特征等内容。这10个专题都是从中华传统文化这一“母体”中孕育出来的“子文化”，历史悠久，艺术魅力独特，具有鲜明的中华民族文化印记。10个子文化横向联结起来，每个历史发展阶段的特征也就鲜明、形象起来了，管窥中华优秀传统文化的目的也就达到了。

聘请专家撰写文字内容这一环节是丛书的重中之重。编辑们动用20多年来积累的作者资源，或打电话，或直接登门拜访，跟专家联系，确认撰稿事宜。这一工作得到专家们的热心支持，但部分专家确实手头有工作要做，不能分心，不得不放弃。待所有的专家联系到位后，时间已过去半年多。

专家们均是相关专题文化领域的权威，可以保证内容的科学性、准确性。但要让读者满意，这还远远不够，必须内容言之有物、行文生动易懂。为此，编辑人员与相关专家进行了多轮面对面的交流与沟通，反复讨论撰稿的体例架构、内容重点、行文风格等。双方交流有时候在办公室，有时候则在专家家里。有些专家每天的日程安排非常紧凑，只有晚上有空闲时间，为此编辑人员不得不在晚上登门讨论。一本书稿完工，少则一年多，多则两三年，专家和编辑人员都倾注了大量的时间和心血。

同时，为了顺应读图时代的需求，让读者“看到”历史，我们邀请30多位业内资深的摄影师，历时2年多，足迹遍及大半个中国，拍摄并收集了近2万张图片；又反复筛选其精美者近4000幅收录到本丛书中，每册书少则插图二三百幅，多则500多幅。为了更好地展示图片质感和艺术效果，10多位设计人员又花费了大半年的时间给图片做了精细化处理，从而使图片与文字更完美地结合，让看似抽象的文化在读者眼中有了质感和真实感，减少了因年代久远带来的陌生与隔阂，真正地与中华传统文化亲密接触。全书完稿后，15位专业编辑、8位专业校对人员又对全部书稿进行了反反复复的编辑加工和校对，从而保证了书稿的高质量呈现！

以上所有的努力和付出都是值得的。这不仅是作为参编者的我们对工作认真负责的体现，也是我们对读者认真负责的体现，更是对中华优秀传统文化传承和传播不懈努力的体现。

在此，要感谢对本丛书的编辑和出版给予关心和支持的所有朋友，特别感谢全国工商联全联民间文物艺术品商会及其所属分支机构所有会员的大力支持，他们提供了大量精美图片。

厚重浩繁的中华优秀传统文化穿越几千年的岁月沧桑，绵延至今而不衰，有赖于古今无数有识之士的发掘和传承。文明的薪火世代相传，永不熄灭。

丛书序言

很高兴参与“图说中华优秀传统文化丛书”的编辑、出版工作。出版过程是漫长的，但对于我来说，只有兴奋，没有厌烦与抱怨，因为这毕竟是自己一直喜欢做的事情！文化是一个国家、一个民族的精神家园，体现着一个国家、一个民族的价值取向、道德规范、思想风貌及行为特征。中华民族有五千年的历史，留下了许多优秀的文化遗产。中华民族文化源远流长，是世界艺术宝库中的璀璨明珠，是中华民族的独特标识，是我们中华民族的血脉。

参与出版的过程，也是我学习和思考的过程。我对中国传统文化有几点小感悟，现拿出来与大家分享一下。

第一点：传统文化离我们很近，又离我们很远！

我们作为华夏子孙，生在中国，长在中国。五千年的传统文化，潜移默化地滋养了我们一代又一代，给每个人的骨子里都烙上了鲜明的民族烙印——中国人追求仁爱、诚信、正义、和合等核心思想理念，信奉自强不息、扶危济困、见义勇为、孝老爱亲等美德，主张求同存异、文以载道、俭约自守等人文精神。所以，传统文化离我们很近，它随时随地守候在我们身边，与我们生活在一起。

可是，如果让我们详细说一说中国传统文化，很多人马上就想到“四书五经”“诸子百家”等典籍，“仁义礼智信”等道德行为准则，但又说不出个子丑寅卯来，往往感觉“书到用时方恨少”。这就是传统文化离我们很远——多数中国人所知道的传统文化只是片断式的，不系统，我们与它有一定的距离，是既熟悉又陌生的“朋友”。

第二点：中国传统文化的外延很广。

我们还需要明白，中国传统文化外延很广，内容极其丰富。除了“四书五经”“诸子百家”等典籍和儒释道三教，还有艺术、科技、饮食、衣饰、建筑、耕作、制造等诸多内容，每项内容都有数千年的时间积淀，有着悠久的历史成色，值得我们深入考察与学习。

第三点：对中国传统优秀文化要有自信！

中华民族在近代遭受了种种磨难，鸦片战争、八国联军侵华、日本侵略等，给中国人带来巨大的肉体及精神创伤。有不少国人对自己国家的文化，对自己的民族失去了自信。一种声音出现了：西方全面领先中国，我们的文化不行了；中国落后的原因就在于传统文化，要强盛就要抛弃那些旧东西。

一些国人之所以有如此想法，根本原因在于没有正确认知中国的传统文化。中国五千年的历史文化，集聚了多少代人的智慧，远不是一些只有几百年历史的国家可比的。中国的经济、科技、文化等，曾经领先世界其他国家20多个世纪，而且形成了“中华文化圈”，日本、韩国、越南等国家都普遍受到影响。中国人如果还没有文化自信，还有哪国人应该有文化自信？听听著名学者季羡林怎么说的：“中国从本质上说是一个文化大国，最有可能对人类文明作出贡献的是中国文化，21世纪将是中国文化的世纪。”

第四点：为何学习中国优秀传统文化？

中华传统文化是数千年来老祖宗留下来的经验和智慧结晶，它来源于生活和社会，必然服务于生活和社会。对于个人来说，学习传统文化有助于树立正确的人生观、价值观，约束人性中的浮躁、贪婪、虚伪、险恶，做一个对国家、对社会、对家庭有用的人。

21世纪是竞争的世纪，是中华民族复兴的世纪。一个国家的富强，除了政治和经济，文化也是一个重要的方面。民族的复兴，首先是文化的复兴。“求木之长者，必固其根本；欲流之远者，必浚其泉源。”中华优秀传统文化是中华民族的精神命脉，是我们在激荡的世界中站稳脚跟的坚实根基。让我们守望它，传播它，践行它！

张柏 /

1949年生人。毕业于北京大学考古专业。曾任联合国教科文组织国际古迹遗址理事会执委、中国文物古迹保护协会理事长、世界博物馆协会亚太地区联盟主席、中国博物馆协会理事长、中国文物保护基金会理事长、国家文博专业学位委员会委员、国家文物局原副局长、全国政协第十一届委员。

主持、主编、合著、自著的论文、专著和其他方面的著作有《全国重点文物保护单位》《明清陶瓷》《中国古代陶瓷文饰》《新中国出土墓志》《中国文物地图集》《东北边疆重镇宁古塔》《三峡文物与文物保护》《中国文物古迹保护准则》《中国出土瓷器全集》《中国古建行业年鉴》等。《中国文物古迹保护准则》荣获全国文物科研一等奖，《中国出土瓷器全集》荣获全国优秀作者奖。

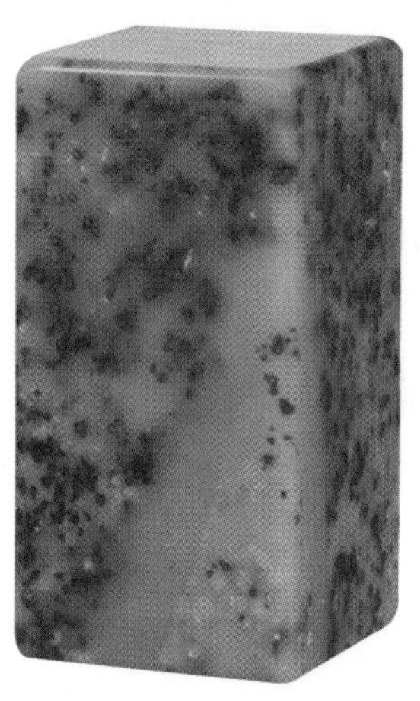

第一章

初识青田石

第二章

青田石的分类

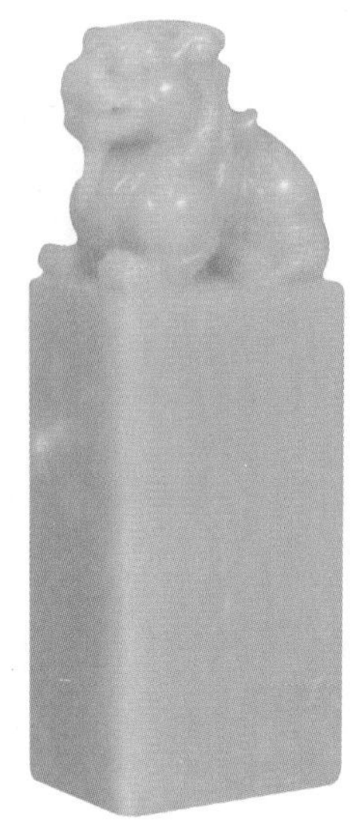

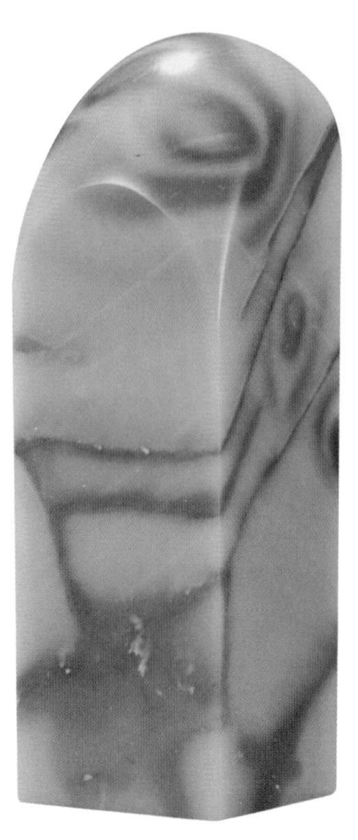

第三章

青田石的鉴别

第四章

青田石的保养

第五章

昌化石的分类

第六章

昌化石的品种鉴赏

第七章

昌化石的价值

第一章 认识青田石

△ **青田石灯光冻兽钮章**
高8.8厘米

青田石产于浙江省青田县，因产地而得名。青田石形成于中生代，是一种变质的中酸性火山岩，称流纹岩质凝灰岩。主要矿物成分为叶蜡石，还有石英、绢云母、硅线石、绿帘石和一水硬铝石等。颜色很杂，红、黄、蓝、白、黑都有。

青色是青田石在色泽上的基本特点。而这种青色不同于其他印章石的青色，是一种特殊的，非常高雅、清丽的青色。“不仅在非叶蜡石类印石中不可求，即使在同类印石中也难遇。”这种色调是现今收藏家区别青田石与其他印石在外观上的重要依据。

青田石质地松脆滑腻，不坚不燥，极易奏刀，行刀爽脆，是雕刻工艺中的上等佳材。近年来，随着科学技术和工艺美术的发展，青田石的用途日益广泛，不仅作为雕刻石料、建筑材料和陶瓷原料的填充料，还用作分子筛、人造金刚石的模具和耐火材料等。

△ **朱关田刻青田石印章**
长2.9厘米，宽2.9厘米，高10.2厘米

△ **青田石博古钮对章/青田石素方章（一件）**
长1.8厘米，宽1.8厘米，高7.3厘米
长2厘米，宽2厘米，高7.5厘米

一 初识青田石

青田石产于浙江省青田县白羊山上。这里地处瓯江中游，括苍山的南麓，距青田县城约10千米。青田石是一种著名的雕刻材料，因产地而得名。据资料显示，青田石的应用最早始于宋代以前，至今已有近千年的历史。

△ **艾叶绿石对章**
长3.4厘米，宽2.2厘米，高6.6厘米
长3厘米，宽2.8厘米，高6.3厘米

△ **瑞兽钮青田封门青方章三件**
尺寸不一

△ **齐白石刊杨昭儁用青田石印章**
高6厘米

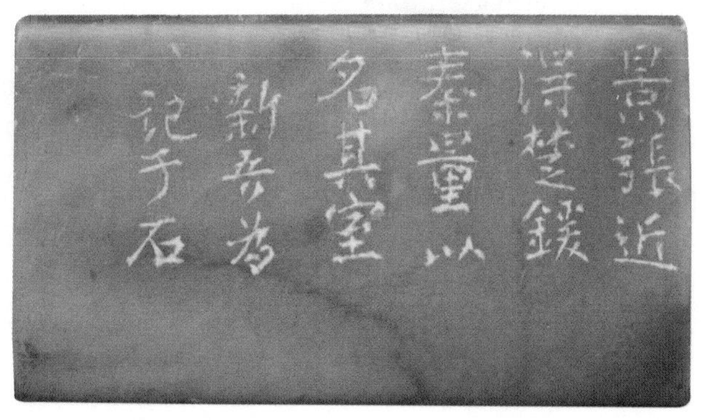

△ **李新吾刻青田石印章**
长5厘米，宽1.4厘米，高2.7厘米

△ **青田石印章**

长2.7厘米，宽2.7厘米，高9厘米

△ **青田封门青石狮钮章**

长3.5厘米，宽3.5厘米，高9.5厘米

△ **青田封门青石兽钮方章**
长3.5厘米，宽3.5厘米，高19.2厘米

宋朝时的青田石，主要用来刻制石碗、笔筒、笔架、锁片、香炉、女子饰品之类的小件。至元末，开始出现以青田石制成的印章。到了清朝，青田石刻由文玩、实用品发展到雕刻人物、山水。从浅刻、浮雕、立体圆雕到多层镂雕，并充分利用石料上的“巧色”，使青田石刻的工艺达到很高的水平。郭沫若有诗赞颂说：“青田有奇石，寿山足比肩。匪独青如玉，五彩竟相宜。”

青田石是一种变质的中酸性火山岩，也称流纹岩质凝灰岩，形成于中生代。主要矿物成分为叶蜡石，还有石英、绢云母、硅线石、绿帘石和一水硬铝石等。颜色很杂，红、黄、蓝、白、黑都有。岩石的色彩与岩石的化学成分有关，当岩石中三氧化铁含量高时呈红色，三氧化铁含量低时呈黄色，更低时则为青白色。

据青田石研究专家夏法起先生做的科学统计，青田石共分有10大类108种。尤以“封门青”为上品，微透明而淡青略带黄者称封门青。另外，晶莹如玉，照之璨如灯辉，半透明者称灯光冻。色如幽兰，明润纯净，通灵微透者称兰花青。这三“青”与寿山田黄石、鸡血石并称为“中国三大佳石”，其价值也越来越高。由于封门青的矿脉细，且脉纹曲折，游延于岩石之中，量很少，色高雅，质温润，性之“中庸”，是所有印石中最宜受刀之石，大为篆刻家所青睐。其色彩天然，绝无人工或他石能仿造，容易辨认。鸡血石、田黄石以色浓质艳见长，象征富贵；封门青则以清新见长，象征隐逸淡泊。因此，前者可比“物”（物质），而后者则喻“灵”（精神），专家称封门青为“石中之君子”，十分贴切。

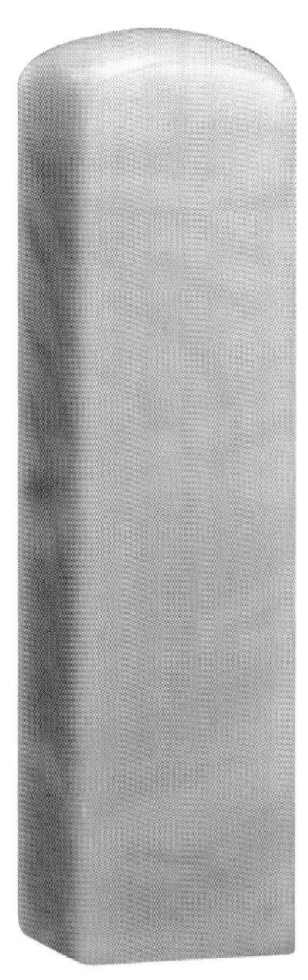

△ **青白冻石**

长2.1厘米，宽2.1厘米，高8.3厘米

△ **青田封门石古兽钮章**

长3.6厘米，宽3.6厘米，高16厘米

△ **青田石印章**

长1.8厘米，宽1.8厘米，高6.4厘米

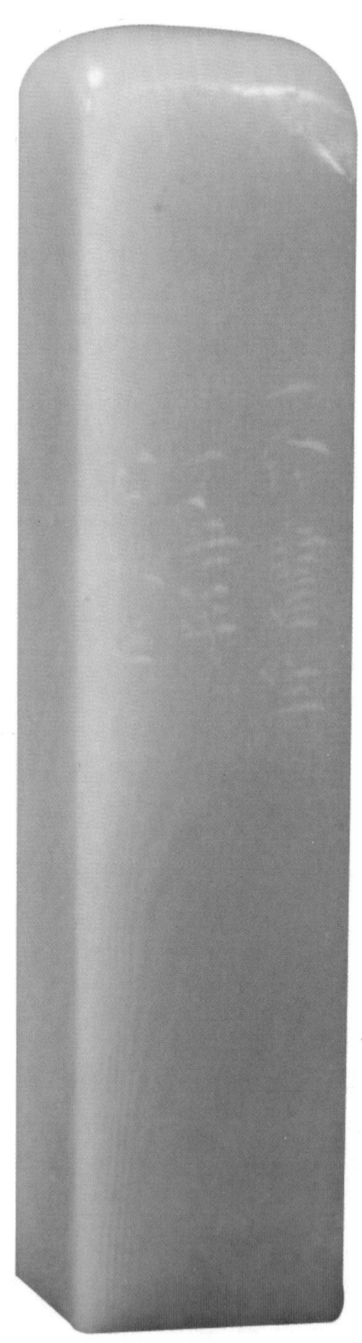

△ **庄新兴刻青田石印章**

长1.5厘米，宽1.5厘米，高7厘米

△ **青田竹叶青石博古钮章**

长3.5厘米，宽3.5厘米，高9.5厘米

二 青田石的成分

青田石学名叶蜡石，主要矿物成分为叶蜡石和石英。共生矿物有刚玉、水铝石、红柱石、高岭石和少量蓝线石、绿泥石、明矾石、勃姆石、伊利石、黄玉等。

矿石有青白色、浅黄色、灰白色、褐紫色等，有蜡质感，均质块状，摩氏硬度为2级，比重2.6～2.7吨/立方米。耐火度1630～1730℃，白度71～94°，两者一般与氧化铝含量成正比。

青田石的化学成分以Al_2O_3和SiO_2为主，两者约占矿石总含量的90%，其他组分K_2O、Na_2O、CaO、MgO、Fe_2O_3等占10%左右。

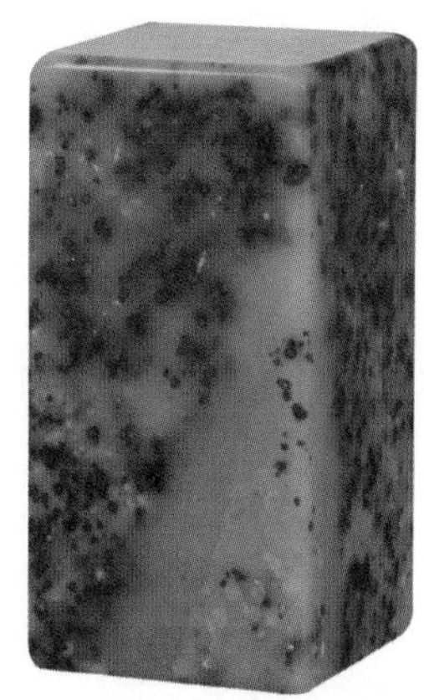

△ **青田石蓝星方章**

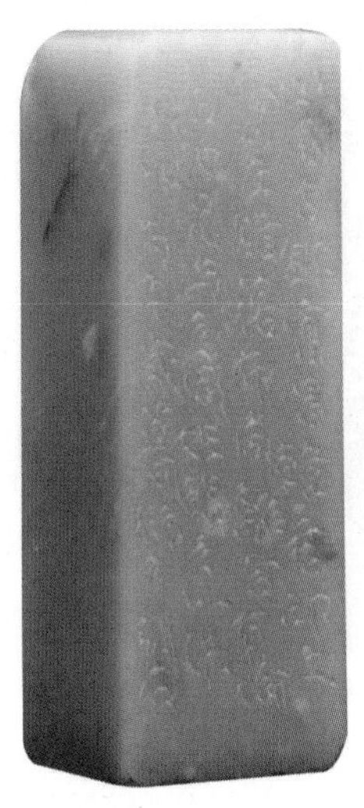

△ **童衍方刻青田石印章**

长2.4厘米，宽2.4厘

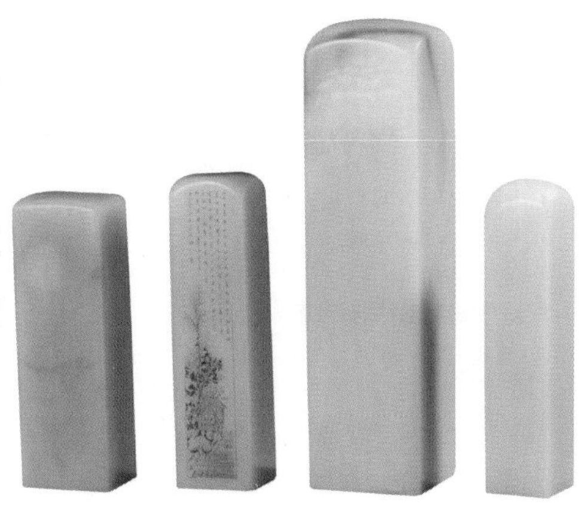

△ **青田石封门青方章（四件）**

尺寸不一

青田产的叶蜡石可分工业用叶蜡石和工艺用雕刻石两类。在叶蜡石中有少量质地纯净、颜色鲜艳、致密呈块状者，即是工艺用雕刻石。它属纯叶蜡石类型，青田石也即是此类叶蜡石，在整个叶蜡石产量中仅占1%～2%。

与青田石共生的工业用叶蜡石，已被广泛用作耐火材料，陶瓷、玻璃和分子筛原料，橡胶、塑料、造纸填料，杀虫剂载体、漂白粉、化妆品添加料，以及制造人造金刚石的传压介质。

△ **缪素筠刻青田夹板石对章**

长3.1厘米，宽3.1厘米

010

三　青田石的特征

作为雕刻印章的最佳石料，青田石的分布相当普遍，一般的青田石在市场上随处可见，价格也很便宜，刻章效果很好。这一点，是其他石材所无法比拟的，难怪青田石会在印章史上声名显赫。从外观上观察青田石多呈现青白色，也有浅黄色、紫褐色、白灰色，但是基本色调泛青，就像黄色是田黄石的基本特点一样，青色是青田石在色泽上的基本特点。而这种青色，不同于其他印章石的青色，是一种特殊的，非常高雅、清丽的青色。“不仅在非叶蜡石类印石中不可求，即使在同类印石中也难遇。”这种色调是现今收藏家区别青田石与其他印石在外观上的重要依据。

△ **青田封门青石章**
长1.7厘米，宽1.7厘米，高6.2厘米

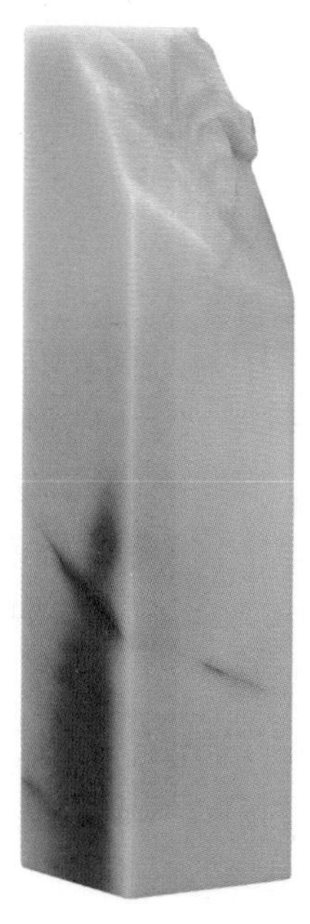

△ **青田封门红花冻石方章**
长4.2厘米，宽4.2厘米，高17.7厘米

△ **青白冻石**
长2.5厘米，宽2.5厘米，高7.5厘米

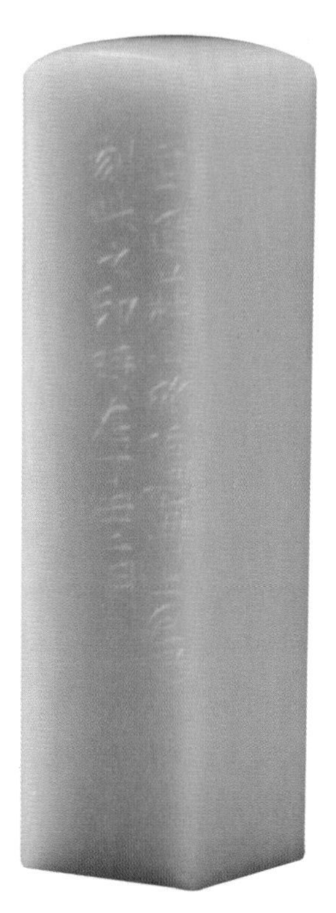

△ **庄新兴刻青田石印章**
长1.7厘米，宽1.7厘米，高7厘米

青田石给人的感觉是石质细腻、洁净，有一种油腻感和光滑感，在一般情况下会呈现不透明状，即使是青田石中最贵的石品，也只是呈微透明状。这种石质是由于它的矿物成分构成。它在地质上属叶蜡石矿物，不同于地开石、高岭石的寿山、昌化所产的印章石。其主要矿物成分是叶蜡石，在叶蜡石矿中，含氧化铝、氧化硅、氧化铁、石英等多种成分的硅酸盐矿物，由于各种成分含量不同，所形成的色彩和质地也不同。这种质地上的特点是区分青田石与其他印章石的主要依据。

在青田县所产的叶蜡石中大部分为工业用石，只有少量质地纯净、颜色鲜艳、致密成块状的石料能用来作工艺雕刻原料。这种石料在青田所产的叶蜡石中的比例不超过2%，而能够加工成印章的石材，尤其是那种能够制成名贵印章的青田石，产量就更为稀少了。

△ **钱松刻青田石对章**

长1.7厘米，宽1.7厘米，高3.4厘米

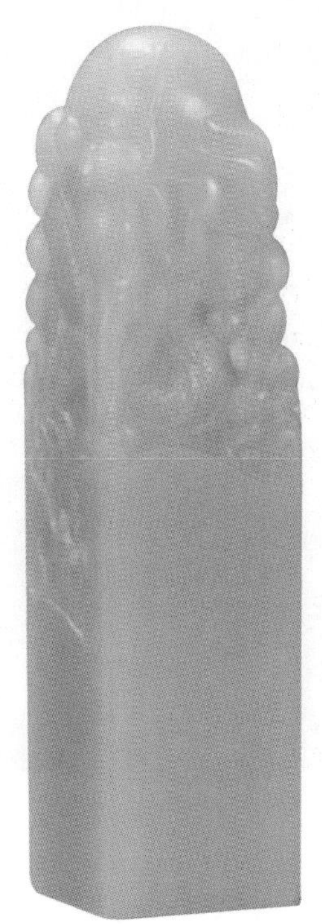

◁ **青田封门灯光冻石龙钮章**

长1.9厘米，宽1.9厘米，高7.6厘米

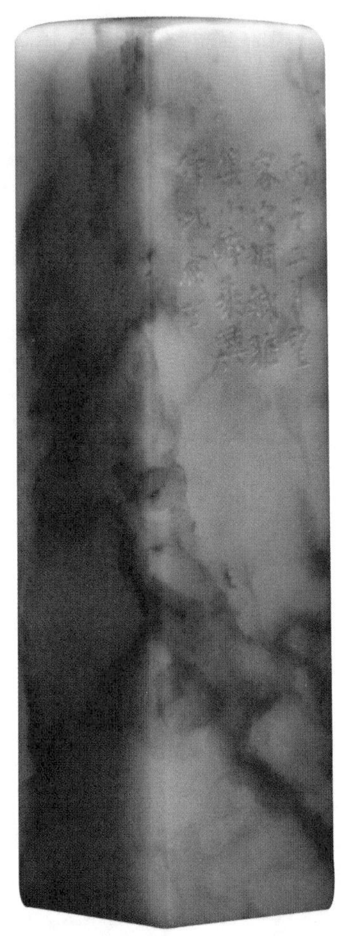

△ **余正刻青田石对章**

长2.7厘米，宽2.7厘米，高10.5厘米

014

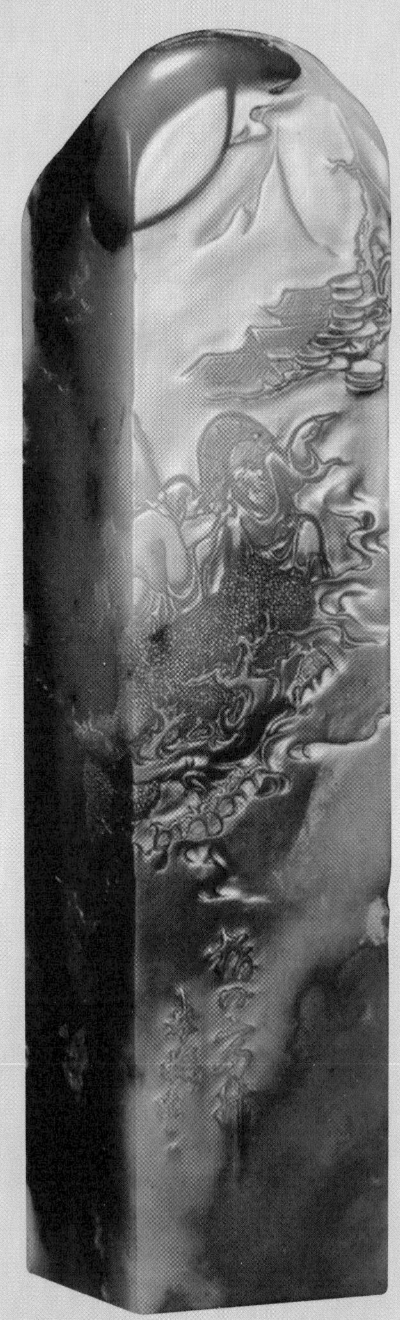

△ **青田朱砂冻石指日高升薄意章**

长3.2厘米，宽3.2厘米，高14.1厘米

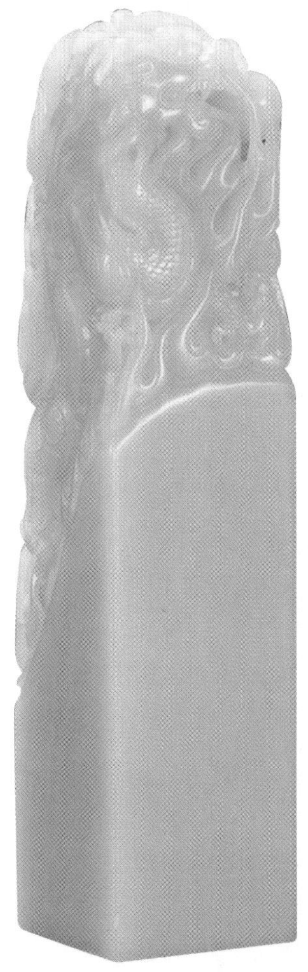

△ **青田封门石龙钮章**

长3厘米，宽3厘米，高13厘米

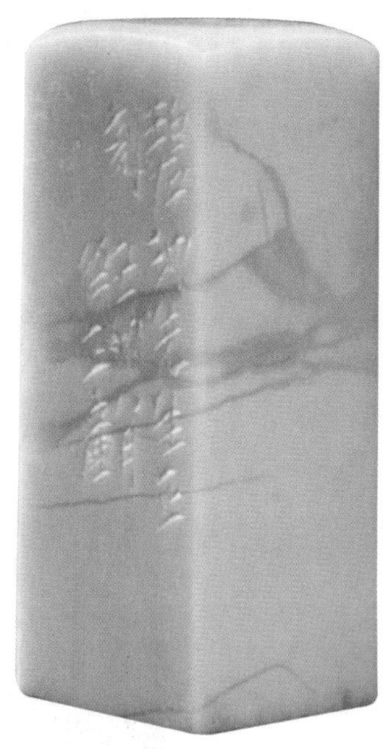

△ **青田石印章**

长2.5厘米，宽2.5厘米，高6.3厘米

△ **青田石印章**

长1.9厘米，宽1.9厘米，高6.4厘米

△ **青田石印章**

长2.4厘米，宽2.4厘米，高6.8厘米

△ **青田封门青石章（六方）**

长2.6厘米，宽2.6厘米，高9厘米　长2.4厘米，宽2.4厘米，高10厘米　长2.4厘米，宽2.4厘米，高7.8厘米
长2.3厘米，宽2.3厘米，高9厘米　长2厘米，宽2厘米，高.9厘米　长2厘米，宽2厘米，高8.2厘米

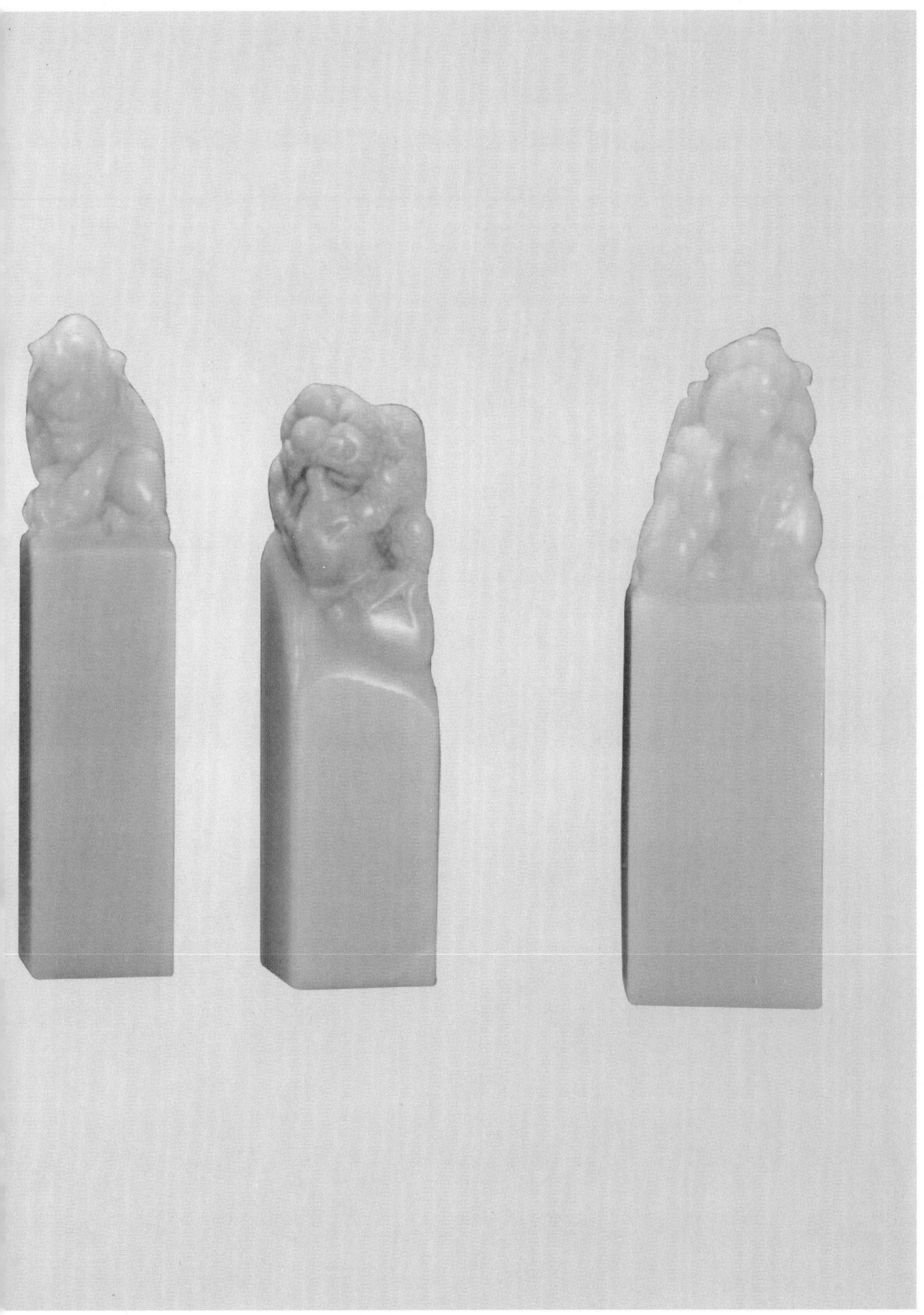

第二章 青田石的分类

青田石除封门青、灯光冻、兰花青以外，还有黄金耀、竹叶青、金玉冻、白果青田、紫檀、红青田（美人红）、蓝花钉、封门三彩（三色）、煨冰纹、水藻花、皮蛋冻、酱油冻等。

一 青色类

1｜灯光冻

灯光冻又名灯明石、灯光石、灯光等，产自青田县山口一带。明代屠隆《考槃余事》载：“青田石中，有莹洁如玉、照之灿若灯辉，谓之灯光石。今顿踊贵，价重于玉，盖取其质雅易刻，而笔意得尽也。今也难得。”明代甘旸《印章集说》载：“石有数种，灯光石为最。其文俱润泽有光，别有一种笔意丰神，即金玉难优劣之也。”灯光冻，青色微黄，坚致细密，温润纯洁，半透明，为青田最上品，被誉为“中国印石三宝”之一。

2｜鱼冻

明代沈野《印谈》载：“灯光有瑕者即鱼冻，鱼冻之无瑕者即灯光，最是易辨……余刻印章，每得鱼冻石，有筋瑕人所不能刻者，殊以为喜，因用力随其险易深浅作之，锈涩糜烂，大有古色。”所以，鱼冻即是有斑点、杂质、格纹的灯光冻。

3｜兰花青

兰花青又名兰花、兰花冻，产自青田县山口一带。此石色如芳兰，明润纯净，通灵微透。方介堪先生赞其“适于奏刀，纵横屈曲卷舒自如，可与澄心堂古纸相媲美”。

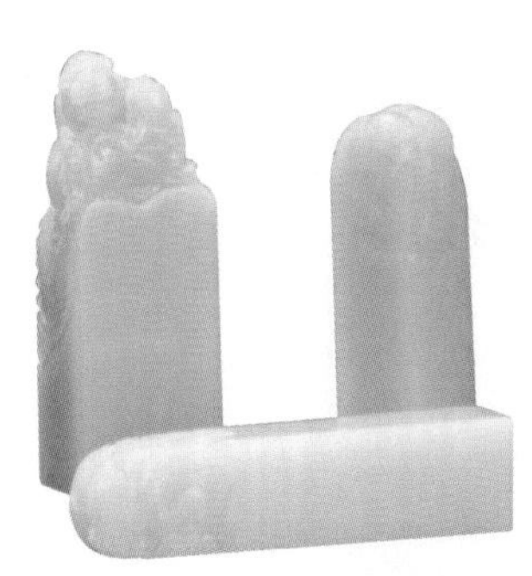

△ **青田封门灯光冻石章（一组）**

长2.5厘米，宽1.4厘米，高4.5厘米　长1.5厘米，宽1.5厘米，高6.4厘米　长2.4厘米，宽1.3厘米，高6.2厘米
长2.1厘米，宽1.6厘米，高7.1厘米　长2厘米，宽1.7厘米，高7.1厘米　长2厘米，宽2厘米，高6.9厘米
长1厘米，宽1厘米，高6.5厘米　长1.5厘米，宽1.5厘米，高5.3厘米

4 | 封门青

封门青又名风清、风门冻，产自青田县山口封门。淡青色，质地十分细腻，不坚不燥，行刀脆爽，能尽得笔意韵味，肌理常隐有浅色线纹。石商常以宽甸石、广西石冒充封门青。宽甸石与封门青外观相近，但是它的颜色浮躁、偏黄绿，肌理含浅色絮纹，多砂，难以受刀。广西石的石质较温嫩，多细裂。

△ **青田石封门青兽钮章**

高8.5厘米

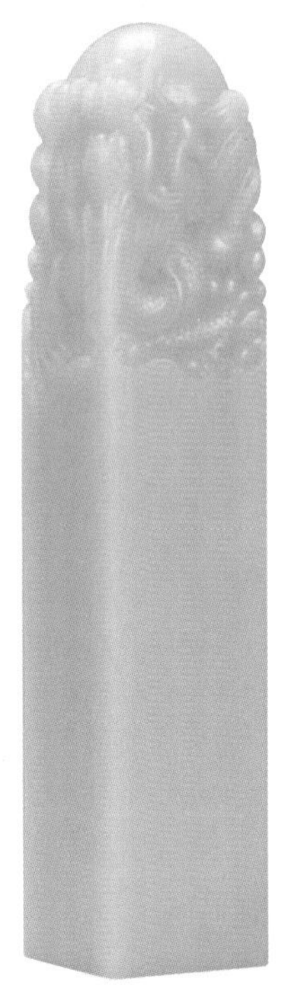

△ **青田封门青石龙钮章**

长2厘米，宽2厘米，高9.8厘米

△ **青田封门青石天鹅钮章**

长2.8厘米，宽2.1厘米，高10.5厘米

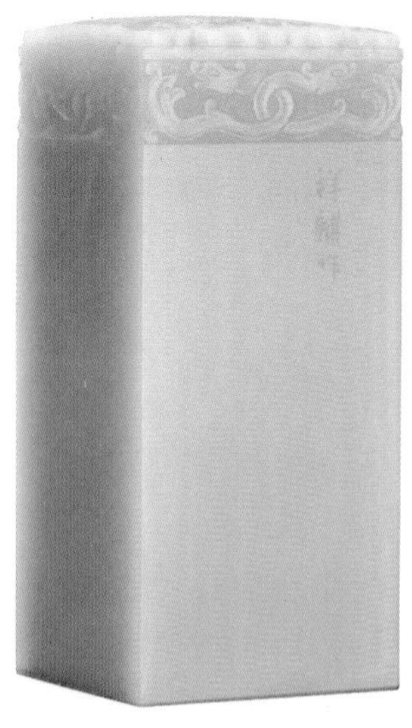

△ **青田封门青石博古钮方章**

长7厘米，宽4.6厘米，高10.6厘米

△ **青田封门青石博古钮章**

长3厘米，宽3厘米，高7厘米

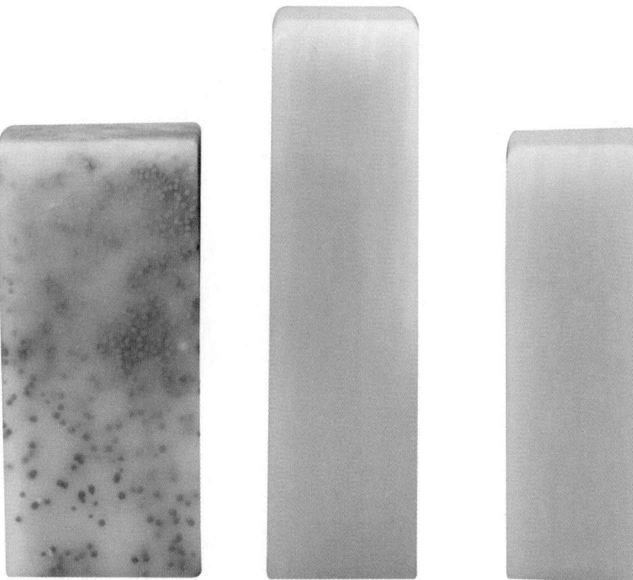

△ **青田蓝星石、封门青素方章（三件）**
尺寸不一

▷ **青田封门青方章（三件）**
尺寸不一

△ **青田石竹叶青兽钮章**
高6.9厘米

△ **青田石竹叶青金玉冻兽钮章**
高11.6厘米

5 | 竹叶青

竹叶青又名竹叶冻、周青冻。青色泛绿，通灵明净，石性坚韧。常裹生于粗硬紫岩中，肌理隐有细小白点，纯净大块的很难得。

6 | 南光青

南光青产于青田县山口牛寮坦南光洞。青色明净，纯洁温润，微冻，质细腻，性坚韧。其色青中偏白，肌理常隐有白色斑纹。

7 | 官洪冻

青色微黄，温嫩细润，莹洁通灵，性近兰花青。产于青田县山口旦洪矿区的底官洪、大圹等硐。官洪原意为“官府所开之矿洞”，后有人误称为“官红”，将红色青田石臆称为“官红青田”，这是不妥的。

8 | 夹青冻

青色冻石夹生于灰青色石料之中，冻石呈不规则的斑块状。产于青田县尧士。

9 | 冰花冻

淡青色，似冰如冻，可清晰透见内含的白色斑纹，是青田县山口一带最透明的石头，质地细腻温润。产于青田县白垟。

10 | 塘古青

冻色青偏白，质细腻脆软，温润纯净，较透。常裹生于灰黑色硬石之内，大材难得。产于青田县塘古。

11 | 冰纹封门

封门石中青色温嫩多裂者，经长期摩挲，石格变为棕色冰纹，时日越久色越深，甚为古朴。

△ **青田封门灯光灯龙钮章**

长2.8厘米，宽2.8厘米，高9厘米

△ **青田封门青石瑞兽钮章**

长2.3厘米，宽2.3厘米，高9.7厘米

12｜松花冻

青色冻地，肌理有各种花纹斑点，质地细软，形似松树花，故名。产于青田县旦洪。

13｜青蛙子

青色冻地，石质细润，肌理隐有团块状密集的细小白点。有的白点内核为“硬钉”，难以奏刀。产于青田县白垟。

14｜兰花青

青色冻地，上有墨绿色花斑，似水墨挥洒于素绢上，浓浓淡淡，自如文雅。石质细润微透。产于青田县旦洪。

15｜麦青

青色略呈灰白，质地坚韧，结实不莹，肌理隐有浅色花斑，石质一般。产于青田县旦洪。

16｜岭头青

灰青色，石质较粗，微砂，结实少裂，色调灰暗，质感粗糙，欠光泽。产于青田县岭头。

17｜青白石

青田石中最具代表性的一种普通石料，其色青白，质地脆软稍粗。有的色微灰、偏黄，肌理隐冻点、絮纹、黑色细斑。产于青田县山口、塘古。产量丰富。

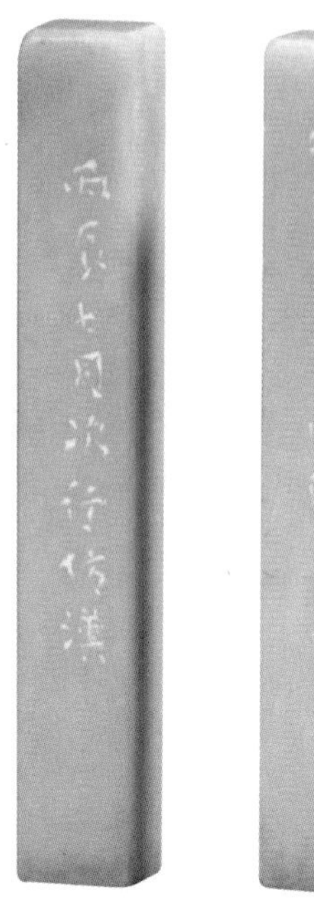

△ **青田石对章**

长1厘米，高1厘米，高6.9厘米

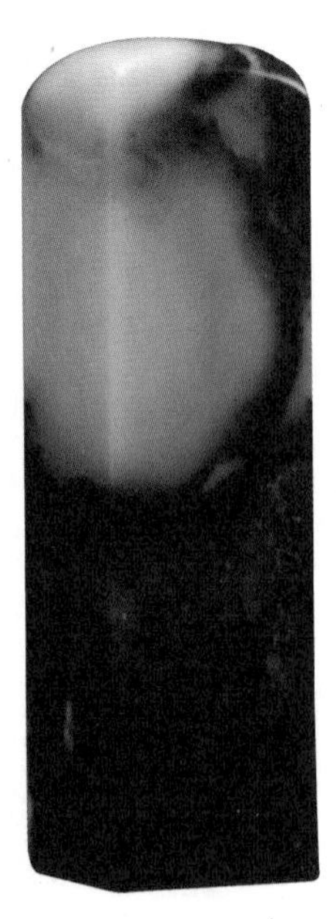

△ **刻青田石印章**

长2厘米，宽2厘米，高7.2厘米

二 蓝色类

1 | 封门蓝

封门蓝像万里晴空，如浩瀚大海，蓝色亮丽夺目。微透的青色冻地常隐含白色硬质团块。蓝色斑块大而纯净的堪称印石奇品。

2 | 蓝星

在青色冻地石料上散布着艳丽的蓝色星点。青色冻地有的属菜花青田，会慢慢变成黄色、棕色。蓝星以色鲜、点大而多、地纯的为最佳。产于青田县山口一带。

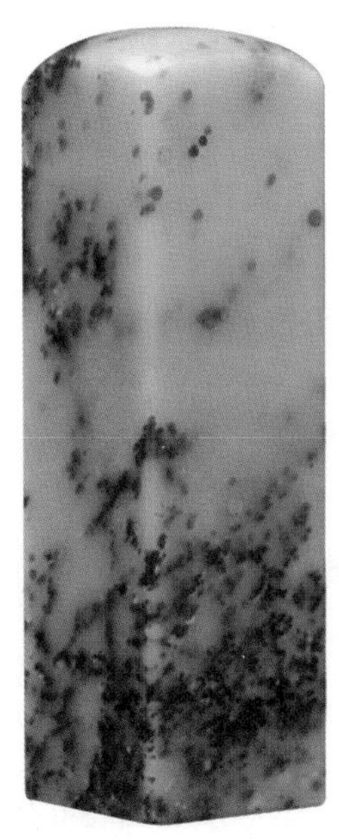

△ **青田封门蓝星石章**
长2.3厘米，宽2.3厘米，高8厘米

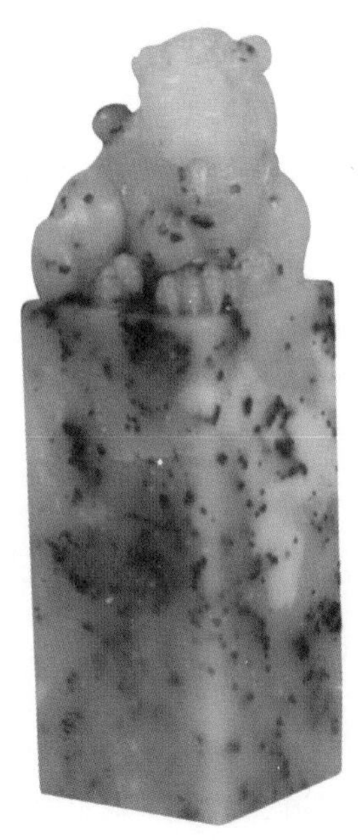

△ **青田石蓝星兽钮章**
高8.6厘米

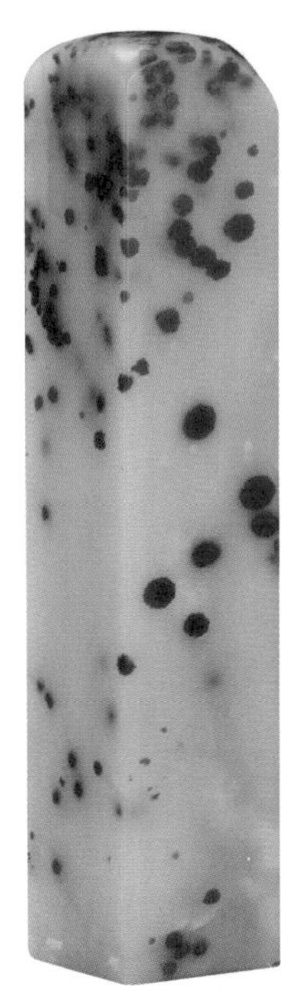

△ **青田蓝星石章**
长3.5厘米，宽3.5厘米，高10.5厘米

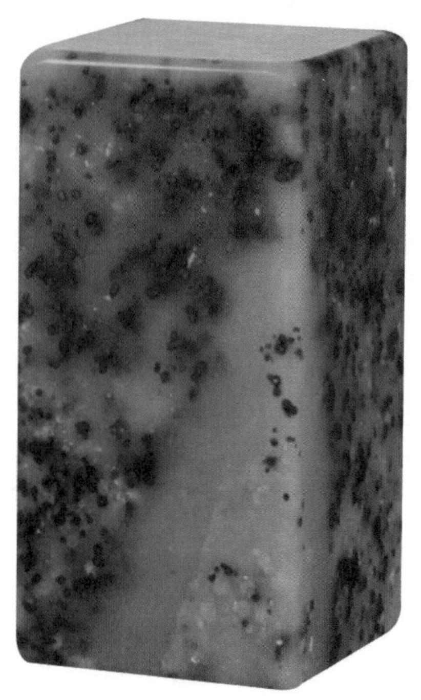

△ **青田石蓝星方章**
高6厘米

3 | 蓝带

在青白色石料上有蓝色带状、线状花纹。蓝色鲜艳而底料细润的十分罕见。产于青田县山口一带。

4 | 蓝钉

蓝钉又名蓝钉青田，俗称蓝花钉。有宝蓝色或紫蓝色的斑块，石质坚硬，难以奏刀。产于青田县山口一带。

5 | 紫罗兰

色如紫罗兰叶，故名。紫蓝色有的呈密集的细点状团块，有的呈稍粗的星点密布。质细腻稍坚韧。产于青田县封门。

三 白色类

1 | 白果

白色微青，石色匀净，质地细腻结实不透，行刀特别脆爽。产于青田县封门。

2 | 猪油冻

白色偏黄，微透明，质细腻纯净，微坚脆，有油腻感。因夹顽石而生，皆小材。产于青田县尧土。

3 | 蒲瓜白

蒲瓜白又名葫芦白，色白微青，质细润光洁，肌理隐有冻质花斑。产于青田县南光洞等。

4 | 北山晶

夹顽石而生的层状白色（偶有黄色）冻石，为最透明的青田石。质细性软，肌理常有灰白色“硬钉”，块大的比较难得。产于青田县北山。

5 | 柏子白

石色白净，质细腻脆软，结实不透，肌理偶有冻点、冻线。产于青田县旦洪。

四 黄色类

△ **青田黄金耀石章**
长2厘米，宽2.2厘米，高10.5厘米

1 | 黄金耀

黄色艳丽妩媚，质地纯净细洁，温润脆软，为青田石中的最佳黄石。偶获小块，则视同珍宝。产于青田县封门及尧土南光洞等地。

2 | 蜜蜡冻

色黄似蜡，色调醇厚深沉，质地细嫩通灵，光洁可爱。产于青田县旦洪、禁猪洪等矿洞。

3 | 塘古黄冻

色彩有的像枇杷、蒸栗，有的像橘皮，鲜艳妩媚，细洁温润，十分难得。产于青田县塘古。

4 | 秋葵

淡黄色像秋葵花冠，色彩娇艳，质地温润，细洁微透，性微坚。产于青田县尧土、旦洪等矿洞。

5｜周村黄

黄色鲜艳，质地细润，光泽特好。多夹生或裹生于紫檀色石料中，大块的难得。

6｜黄果

因为黄果的色似米粉做的黄色糕果而得名。色彩均匀，结实少裂，光洁不透，石性脆爽。产于青田县封门等矿洞。

7｜夹板黄

浅黄、土黄色层夹生于深褐色石料中。色层平整，质地细腻不透。褐色石料细润光洁。产于青田县旦洪。

8｜菜花青田

石质较细嫩，刚出硐时为青白色，经打磨、上光、长年摩挲，色彩日渐变黄，即为菜花青田。产于青田县山口一带。

9｜黄金条

青色冻地，上有金黄色条纹，十分鲜艳夺目，质地细腻温润。产于青田县山口及周村。

10｜黄皮

青色石料，外有一层平薄的黄色层，质地细润。产于青田县旦洪。另有产于青田县尧土的，在熟褐色块料四周裹生黄皮，甚奇，质地一般。

11｜麻袋冻

深黄色石料，肌理满布深黄色斑点、斑块，给人以“粗如麻袋”的感觉，故名。石质细润，温嫩微透。产于青田县山口白垟茅干湾。

12 | 黄青田

黄青田又称青田黄，是石质稍粗的普通黄色青田石。色调上有淡黄、中黄、老黄、焦黄，质地脆软，结实不透。产于青田县山口一带，产量较丰富。

13 | 岭头黄

色调有深浅数种，石质粗实，多细砂，欠光泽。产于青田县岭头。

五 棕色类

1 | 酱油冻

酱油冻呈褐色或棕黄色，像酱油汤。有深浅多种，甚为古朴。石质细腻光洁，肌理偶隐有丝纹。产于青田县封门。

2 | 酱油青田

酱油青田原系菜花青田，经长期摩挲，色调渐变深而成酱油色。另一种，原系石质一般的黄青田，也因为长期摩挲而变成酱油青田。这类石皆非数十年难成，所以十分珍贵。

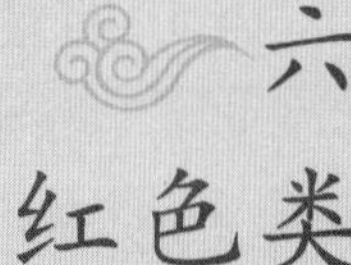

六 红色类

1 | 朱砂青田

朱砂青田俗称青田鸡血石，朱红色，肌理有点点朱砂像漂浮于清水中，聚散自然，色彩艳丽。间有黑、白色斑块，质细润。色鲜块大纯净的罕见。产于青田县封门。

2 | 橘红青田

色似橘瓣，黄中透红，质细润，性脆软。产于青田县山口一带。

3 | 石榴红青田

红色间青、黄色斑块，酷似石榴皮。质细洁，性脆微砂，不易风化。产于青田县官洪、禁猪洪等矿洞。

4 | 猪肝红青田

深红色，没有明显的斑块花点。石质纯净，光洁不透，结实少裂。产于青田县山口一带。

5 | 红花青田

青白色石料上有红色斑块、斑点，质地稍粗。经火煨后，石质变得细腻而有光泽。产于青田县禁猪洪等矿洞。

6 | 红星

在青白色石料上散布着红色星点，且常有片片红云似的斑块。产于青田县旦洪。

7 | 红皮

在青白色石料上有一红色薄层，表皮常呈深褐色，石质粗细不一。产于青田县山口一带。

8 | 武池红

深红色，质地细润光洁，肌理隐有白色花斑、冻点。产于青田县下堡。

9 | 武池粉

粉红色，石质细洁，肌理隐有浅色波纹。产于青田县下堡。

10 | 岭头红

赭红偏紫色，肌理隐有细小深色斑点，质结实脆软。产于青田县岭头。

11 | 煨红

黄色石料经火煨后变成红色称煨红。另有将青白色石料蘸渗硝酸铁溶液，待数日后再火煨成红色的，但是这样的石料色层较薄。石质越好，煨红色彩越鲜艳。

七 绿色类

1 芥菜绿

青绿色，莹洁通灵，温润如玉，纯净光洁，石性稳定，属青田石上品。产于青田县白垟。

2 山炮绿

翠绿色，十分艳丽，质细微冻，性坚而脆，肌理多有白色麻点、黄色斑纹和硬砂块，多细裂。纯净大块的也属难得上品。产于青田县山炮。

△ **青田山炮绿石薄意山水摆件**
长15厘米，宽5.5厘米，高14厘米

3 苦麻青

色灰绿或深绿，色彩较匀净，肌理隐有深色细点，石性较粗脆。产于青田县白垟。

八 褐色类

1 | 红木冻

红木色，较豆沙冻红亮，光泽特好。质地细腻温润，石料中常夹生青白色冻条、冻层，石料稀少名贵。产于青田县周村。

2 | 豆沙冻

深紫红色，像煮熟的赤豆。石质细腻纯净，富有光泽，大材难得。产于青田县尧土。

△ **庄新兴刻青田石印章**
长1.8厘米，宽1.8厘米，高5.8厘米

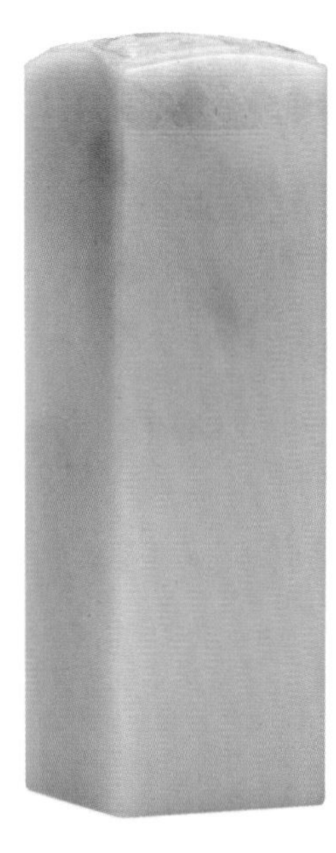

△ **青田封门博古钮章**
长2.6厘米，宽2.6厘米，高8.5厘米

3｜封门紫

深紫色，石质细润脆软，肌理隐现平行线纹。产于青田县封门。

4｜紫檀花冻

紫檀色的花纹，纵横交错，间有青、黄、灰色的冻质花斑，就像一幅幅精美的图画。质地十分细润光洁。产于青田县尧土。

5｜千丝纹

千丝纹又名千层纹。在熟褐、淡黄等色石料上，布满无数平行、细密的色线，鲜明精致，无比美观。因石料剖面变化，又可出现指纹、蚌纹等奇妙图案。产于青田县山口一带。

6｜彩带纹

彩带纹又名金银纹。熟褐色石料上有精致的黄、白色丝纹及彩色细点组成的带状条纹，石质细软，极易奏刀。产于青田县封门、旦洪。

7｜紫檀纹

在紫檀色石料上有浅黄色平行条纹，粗细疏密相间，色调古雅，石性坚脆，有细砂。产于青田县山口一带。

△ **青白冻石**
长2.9厘米，宽2.9厘米，高12.8厘米

△ **青田蓝星石章**
长3.5厘米，宽3.5厘米，高10.5厘米

△ **青田封门石古兽钮章**
长3.5厘米，宽3.5厘米，高14.5厘米

8 | 紫檀花

深浅紫檀色，肌理有白、黄、黑色的各种花纹斑点，石质一般，产量丰富。产于青田县山口、季山。

9 | 满天星

在熟褐色石料中布满白色小圆点，就像夜空中闪闪发亮的星光。石质细腻光洁。产于青田县旦洪。

10 | 紫岩

其色有深浅数种，质地一般较粗，性坚韧。色调较匀净，肌理有细小花点。产量丰富。产于青田县山口、季山。

11 | 何幽紫

紫灰色，肌理多小黑点，质稍粗韧，多细砂，少光泽。产于青田县岭头。

九 黑色类

1 ｜ 封门黑

封门黑俗称牛角冻，又名黑青田，为灰黑色或深黑色。石质细腻温润，色彩匀净光洁，肌理常有少量格纹，大块的极难得。产于青田县封门。

2 ｜ 黑皮

在青、白、黄色石料上有一薄层黑色石料，黝黑纯净，甚为奇特。石质细软，结实不莹。产于青田县山口一带。

3 ｜ 乌紫岩

黑色微紫，质地一般，结实少裂，肌理有疏朗微小的白点。产于青田县山口、季山。

4 ｜ 墨青

黑中偏青灰色，肌理有浅色条纹、细点。质较粗，少光泽。产量多。产于青田县岭头。

5 ｜ 武池黑

黑色或灰黑色，石质细腻、光洁、脆软，肌理多格纹。产于青田县下堡。

△ **青白冻石**
长2.2厘米，宽2.2厘米，高7.3厘米

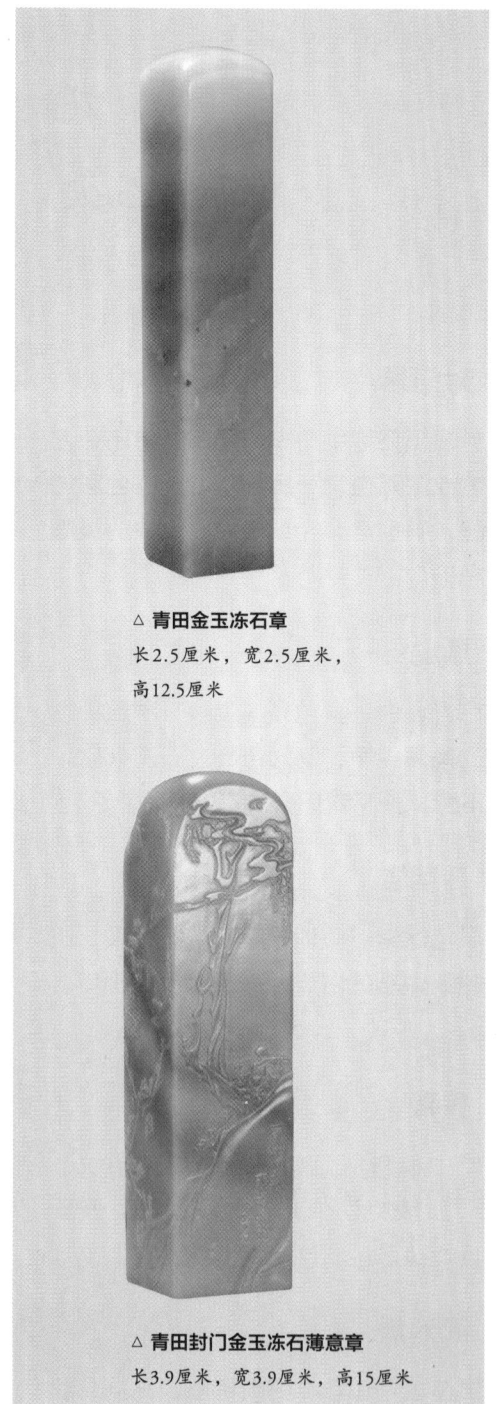

△ **青田金玉冻石章**
长2.5厘米，宽2.5厘米，高12.5厘米

△ **青田封门金玉冻石薄意章**
长3.9厘米，宽3.9厘米，高15厘米

十 多色类

1 | 五彩冻

石料上有红、黄、青、白、黑等色，绚丽多彩，石质细润通灵。以产于青田县旦洪羊栏坑的最著名，在青田县山口其他矿区及塘古均有出产，十分罕见。

2 | 封门三彩

以黑、棕色块间杂一层青色为特征。时有黑、青、黄、棕、蓝多色并存，集封门青、黄金耀、封门黑、酱油冻等名石于一体，可谓石中珍品。产于青田县封门。

3 | 金玉冻

有青黄两色，色彩艳丽，过渡自然，对比柔和，质地细润，通灵光洁。产于青田县尧土南光洞、封门等矿区。

4 | 龙蛋

龙蛋俗称岩卵。独块蛋形石料，内为青色或黄色冻石，外壳为紫色硬岩，小如蛋，大似瓜。冻石质地细腻，温润而有光泽，世称奇石。产于青田县周村。

5 | 龙眼冻

在深紫色石料中有桂圆状青色或淡黄色的半透明冻块，石质细腻光洁。产于青田县季山。

6 | 蚕豆冻

蚕豆冻俗称豌豆冻。在深黑色地质上，密布蚕豆状青白色的斑块，质纯净半透明。地质肌理有小白点、细砂。产于青田县季山。

7 | 葡萄冻

在深紫色石料上布满圆形小冻点，似浓荫中垂挂着一串串晶莹的葡萄。石质细腻温润，光泽特强。产于青田县季山。

8 | 白垟夹板冻

在灰黑色或深褐色石料中，夹生着1～4层的青色或黄色冻石。石质特别晶莹通灵。产于青田县白垟。

9 | 季山夹板冻

在紫岩上夹生有一层平薄的青白色或黄色冻石。与白垟夹板冻相比，质稍次，多细裂，量较多，块大。产于青田县季山。

10 | 水藓花

在青色或黄色石料上有精致黑色花纹，就像一株株在水中摇荡的小草，生机盎然。花纹有的浮于石表，有的深入肌理，质地也好坏不一。产于青田县山口一带。

11 | 木纹青田

木纹青田又名木板纹。在紫绛、灰黄、土黄色质地上，有色彩浓淡不一、线条自然流畅，与木板纹理相似的花纹。石质细腻结实。产于青田县山口、岭头。

12 | 紫线封门

在青色地质上有多条平行的紫色线纹，色彩清晰、和谐、美观，质地温润脆软。产于青田县封门。

13 | 松皮冻

在灰褐色、青白色石料上有椭圆形冻质斑点，状似松树皮。石质坚脆，结实少裂。产于青田县山口、季山。

14 | 蚯蚓缕

在青黄色石料上有棕红色的条纹，形色与蚯蚓十分相似。石质细润。产于青田县封门。

15 | 封门雨花

在青白、乳白色的地上，分布着黑色、绛紫色的图案，有的像峰峦叠翠，有的像行云流水，有的像鸟翔鱼跃，有的像戏剧脸谱，变幻万千。可惜大多质硬多砂，难以奏刀。产于青田县封门。

16 | 墨花青田

在青色石料上有黑色或墨绿色花斑，似水墨挥洒在宣纸上，浓淡相融，虚实相生，组成一幅幅有现代意味的写意图画。产于青田县山口一带。

△ **青田封门青石章**

长3.5厘米，宽3.5厘米，高12.5厘米

17 | 岩隐

在深褐色硬质石料中，隐藏着块形不规则的青色或黄色冻石。产量比较丰富，十分适宜刻制精雕品。产于青田县季山、周村。

18 | 云彩花

在青色、浅黄色石面上流淌着紫红色斑纹，色彩明丽，花纹飞动，就像满天云霞。石质细腻温润脆软。产于青田县山口、岭头。

19 | 头绳缕

石料中分别有红、黄、青、黑等色的平行条纹。一般石质稍粗，结实少裂。产于青田县山口一带。

20 | 笋壳花

在棕黄色地质上有黑色花斑，像山中笋壳。石质有的细腻温润，有的稍粗结实。产于青田县山口一带。

21 | 爆米花

在青白色、浅黄色冻地上有黑色花纹和白色斑点，形色似炸过的爆米花。质地细润。产于青田县尧土。

22 | 米稀青田

米稀青田俗名米碎花。在深黄、淡褐、灰黑色等地上布满极细的小白点，石质一般。产于青田县山口一带。

23 | 芝麻花

在淡青色地质上有细密的小黑点，像黑芝麻散落其中。质地一般。产于青田县尧土。

24 | 虎斑青田

虎斑青田俗称老虎花。在黄色或黄青色地上，有黑色的虎皮状条纹斑块，石质细腻，结实不透。产于青田县白垟等地。

25 | 金星青田

金星青田是指在青田石中闪烁金星的石头。金星系黄铁矿细粒或晶体。产于青田县山口一带。

26 | 岭头三彩

有黑、白、棕三色相间，并常伴有黄、红色，与封门三彩相似，但是色彩较灰，石质较粗。产于青田县岭头。

27 | 岭头紫线

土黄色地上有多条平行的紫色条纹，石质粗实，多细砂。产于青田县岭头。

28 | 武池花

红色地上有白色花点、花纹，质地细洁脆软。产于青田县下堡。

29 | 煨冰纹

将一些多裂石料，火煨后乘热投入有色冷水中，或将其渗油火煨，均能形成似瓷器开片的花纹。石性坚脆，易崩裂。

第三章 青田石的鉴别

在一般情况下，青田石的鉴别主要是指对名贵品种的鉴别。青田石中的名贵品种大多是数百年来人们共同推崇的，也有少数是近年才产出而被公认的。名贵品种主要在石质、石色两方面都异乎寻常。

在石质方面十分细腻、温润、洁净。青田石属叶蜡石矿物，不可能像高岭石、地开石类印石那样透明，所以青田石中的冻石也只能是微透明。同时青田石脆软相宜，极易奏刀，行刀爽利，而其他印石一般较为绵软。

在石色方面，大多呈现出特有的青色，十分清丽、文静、高雅，不仅在非叶蜡石类印石中不可求，即使在同类印石中也难遇。

青田石中的名贵品种首推灯光冻，其次为兰花青、封门青、竹叶青、芥菜绿、金玉冻、黄金耀。奇石的有龙蛋、封门三彩、夹板冻、紫檀花冻等。

青田石是一种最具独特面貌，不易与其他印石相混淆，同时又是最难人工制假的印石。

△ **青田石印章**

长1.8厘米，宽1.8厘米，高4.8厘米

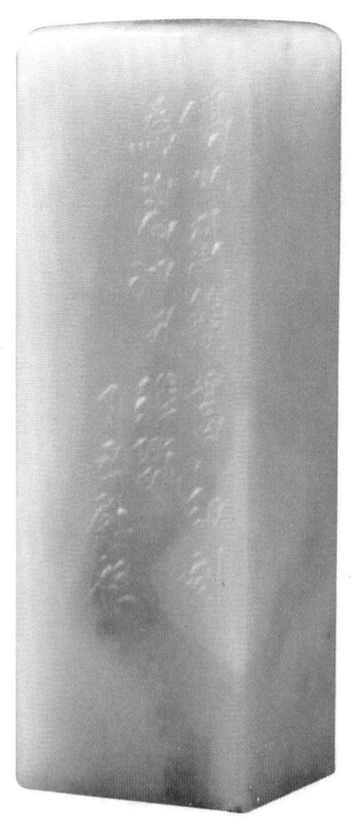

△ **青田石印章**

长2.1厘米，宽2.1厘米，高6.4厘米

一 青田石的鉴别

由于我国雕刻石主要产地的寿山石、昌化石、巴林石、长白石，皆属高岭石、地开石类，外观上多呈通灵温润，富有光泽，独有青田石属叶蜡石类，外观上多呈不透明至微透明状，富有滑腻感，因此，相互不易混淆。如果用雕刀试，青田石刀感脆软，刀起刀落，石屑飞溅，十分爽利。而其他石则刀感韧涩，更易辨别。

△ **青田封门青石章**

长3.2厘米，宽3.2厘米，高12.5厘米

△ **青白冻石**

长3.2厘米，宽3.2厘米，高9.7厘米

或许是青田石名贵品种的身价还不太高，未能引起制假者的兴趣；或许是青田石的“青色”难以调配，制假技术还没有过关。总之，与假田黄石、假鸡血石泛滥的状况相比，目前青田石中的假名石还是不多的。但假冒情况也时有发生，青田石收藏者也必须时刻警惕，不断提高自己的鉴别能力，以防受骗。下面将简要介绍鉴别技巧。

1 | 灯光冻

灯光冻以青色微黄、莹洁如玉、细腻纯净、半透明，产自青田县山口封门、旦洪一带的为正宗。一些收藏者不作考证，或以讹传讹，或任意杜撰，见半透明甚至透明的冻石就冠以“灯光冻”之名，所以出现了所谓的“北山灯光”“一线灯光”“小顺灯光”“碧绿灯光”“朝鲜灯光”“长白灯光”等种类。就像一些人看见黄冻石就称“田黄”，见红冻石就称“鸡血石”一样滑稽。

△ **青田石印章**
长2.9厘米，宽2.9厘米，高4.2厘米

鉴别灯光冻主要有以下两点。

第一，要确定它是否属叶蜡石类。那些所谓的“灯光冻”皆属高岭石、地开石或滑石类，外观上虽然也是晶莹透明，但是石质却是千差万别的。

第二，观察它的颜色，不能将绿色、黄色、白色乃至黑色的冻石都称作“灯光冻”。灯光冻甚为罕见，但是并非绝产，只不过是纯净、块大的十分难得而已。

2 | 封门冻

封门冻为淡青色，微透明，质地十分细腻，产于青田县山口封门矿区。近数十年来，许多人往往将带青色的优质封门石统统称作封门青，其实青色微黄较透的应该称灯光冻，青色偏绿的应称为兰花青，而封门青除青色稍淡

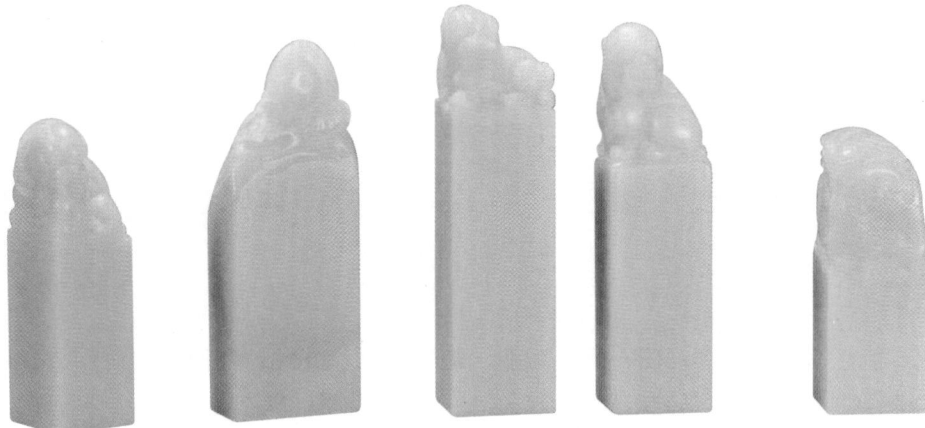

△ **青田封门青石章（五方）**
长1.7厘米，宽1.7厘米，高5.5厘米　长2.5厘米，宽1厘米，高6.9厘米　长2厘米，宽1.7厘米，高7.4厘米
长2厘米，宽2厘米，高7.1厘米　长1.7厘米，宽1.7厘米，高5.2厘米

外，往往在肌理上隐有极细的线纹。如今市场上，一些石商经常用辽宁宽甸石充当封门冻。宽甸石质细较透，光泽好，外观上与封门冻有近似之处，但是如果仔细辨认，宽甸石的青色偏黄绿，色浮躁，肌理含浅色絮纹，多砂，难以受刀。

3 | 龙蛋

龙蛋，俗称岩卵，是产自青田县周村的一种奇石，外壳为一层深褐色的硬石，内藏青、黄色冻石，十分名贵。此石在20世纪80代后期曾批量产出，90年代则已稀少。近年有人在青、黄色冻石外拼粘上深紫色岩层以充龙蛋石。这类雕刻作品外壳感觉不自然，在深色与浅色石之间有树脂胶黏合的痕迹，在深色石皮的里层很难找到与冻石共生一体的迹象。

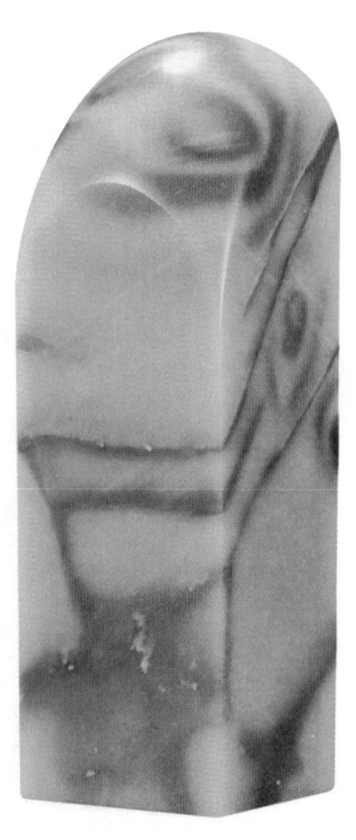

△ **青田封门红紫檀石章**
长3厘米，宽3厘米，高10厘米

二 青田石的价值

工艺美术上要求青田石颜色艳丽、均一，蜡状光泽，半透明至透明，质地致密、细腻、坚韧、光洁，无裂纹、杂质、包体及其他缺陷，块度大。据研究，青田石的颜色与其化学成分有着密切的联系：一般淡黄、黄绿色青田石含Al_2O_3较高（28%以上），质量较好，为特级至一级石雕材料；灰、灰黄色青田石含Al_2O_3 21%～24%，甚至在21%以下，质量较差；灰紫、紫色青田石含Fe_2O_3在1%以上。

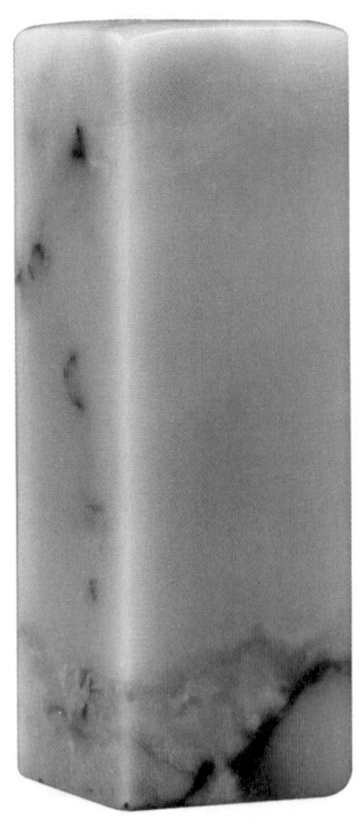

△ **青田石印章**
长3厘米，宽3厘米，高8.6厘米

△ **青田石印章**
长2厘米，宽2厘米，高6.7厘米

青田石品质优劣相差甚远，以油脂状的冻石为上品，细腻亮泽不冻为中品，粗糙无光为下品。单色的应以纯净无杂质、无裂痕的冻石为上品；石质基本纯正，细腻光泽，无裂痕为中品；石质粗而光水不足为下品。单色中杂有冻路、冻点或有近似的色相，只要是和谐协调的也属上品。彩色的，应以色形美观，色泽光润，质地细腻无裂痕为中品；色泽灰暗，色形杂乱，质地粗糙或有明显裂痕为下品。

品评青田石雕作品，一般来讲，首先入眼的是造型，继而是石质、石色，然后是题材内容及技巧。一件好的石雕作品，应该是立意新颖、造型美观、石色利用巧妙、石质上乘、刻画周到、技艺精湛等因素的融汇综合。

市场上常有新青田石出售，多为淡青绿色，虽然不如冻石佳，然而价廉物美，是篆刻常用的印石之一。

青田石雕的传统产品有山水、花卉、人物、动物、炉瓶、烟具、台灯等各种陈设品和日用品，均具有很高的收藏投资价值。

△ **青田封门青石古兽钮章**

长3厘米，宽3厘米，高10厘米

△ **青田兰花封门青石兽钮章**

长2.9厘米，宽2.2厘米，高8.5厘米

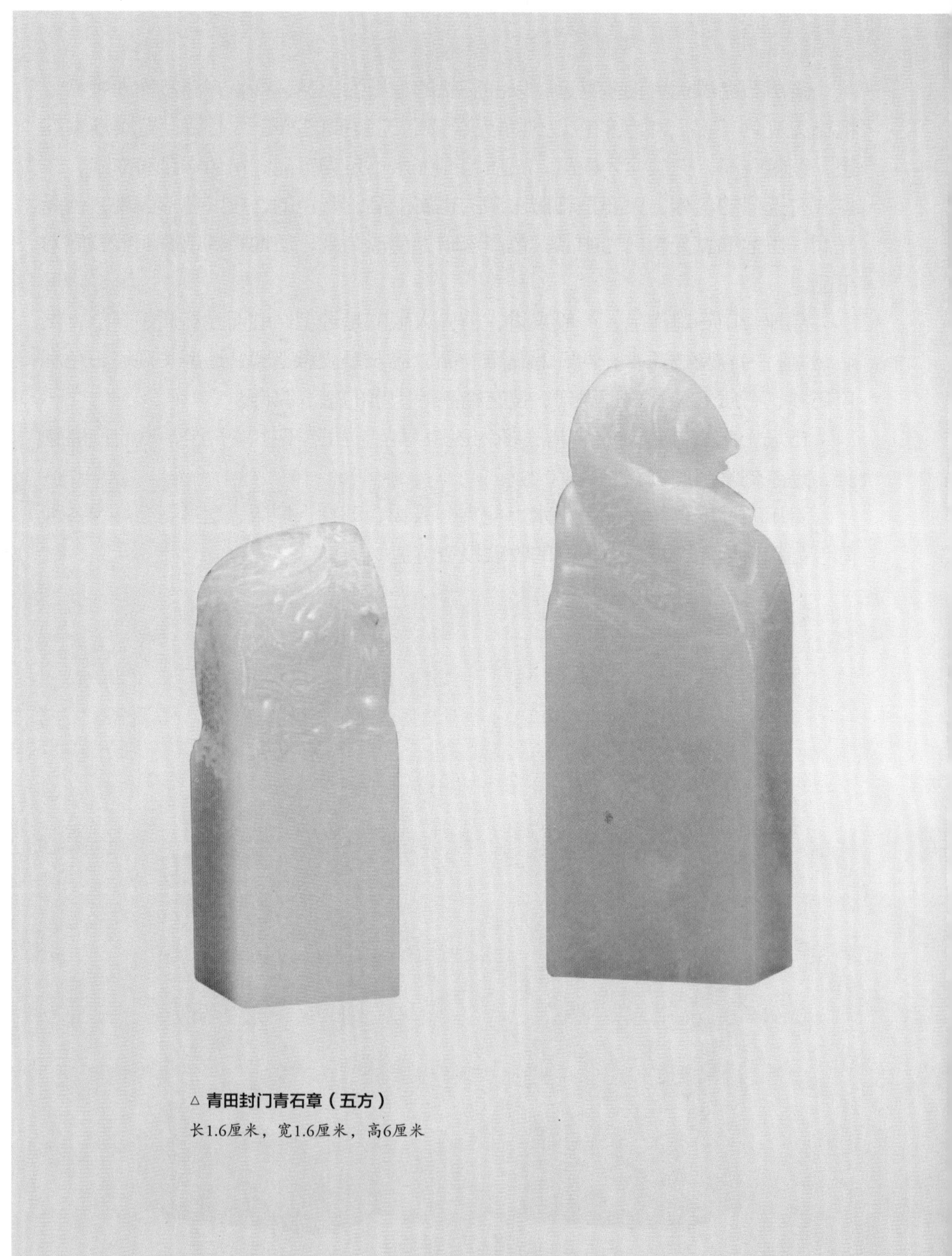

△ **青田封门青石章（五方）**

长1.6厘米，宽1.6厘米，高6厘米

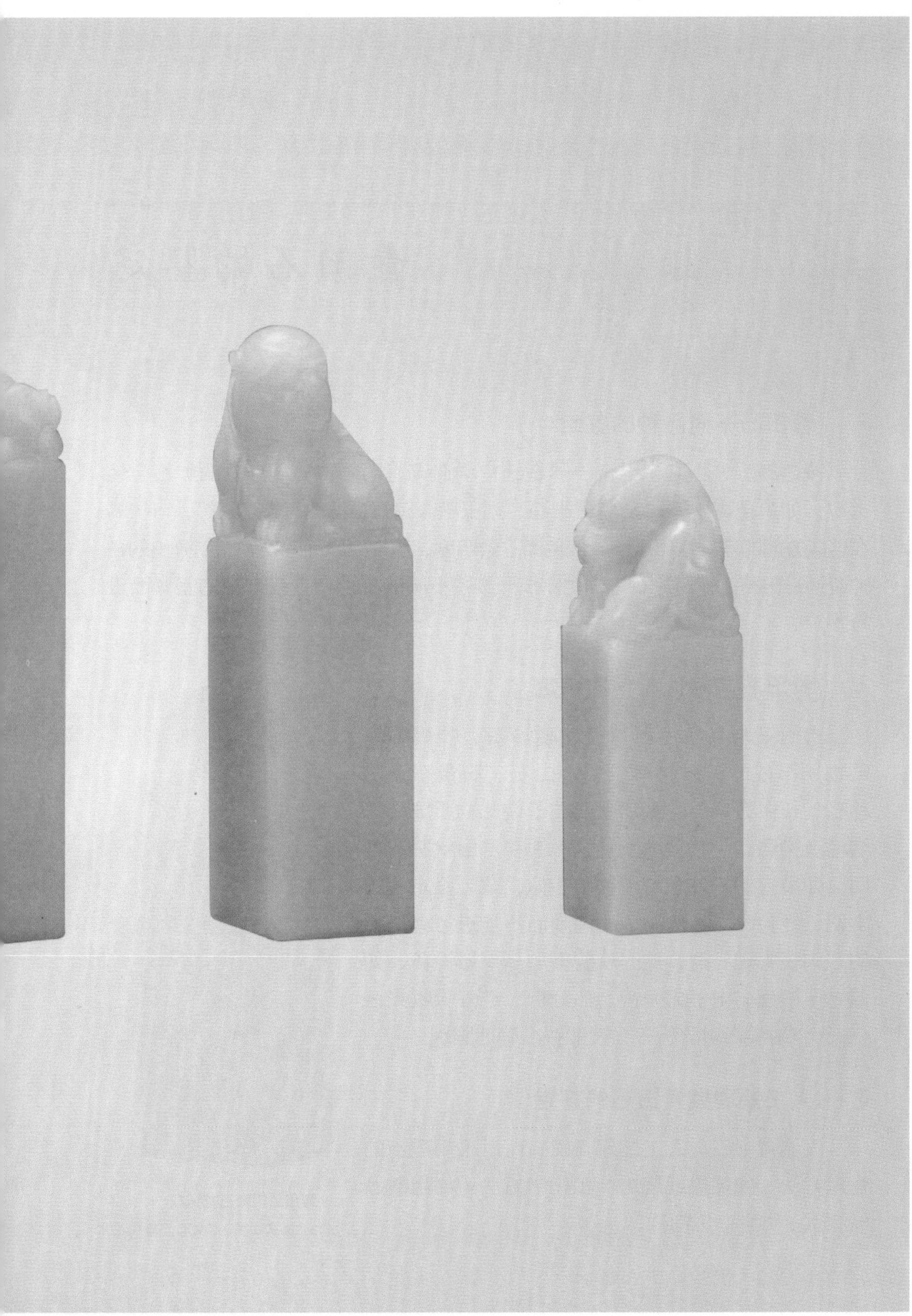

三 青田石的鉴定

1 | 青田石不同品种的鉴定

按色泽、矿物共生组合、矿石结构构造等方面的差异而划分的矿石自然类型，如单色青田石、杂色青田石、刚玉质青田石、红柱石青田石等，可按其在这些方面的差异进行区别。按色泽、透明度、质地等方面的差异而划分出的各种普通青田石、青田冻石等，也需按照其中不同的品种在这些方面的差异而进行鉴定。

2 | 青田石与相似石料的鉴定

青田石与其他由地开石、高岭石、叶蜡石等矿物所组成的石雕材料（如寿山石、田黄石、巴林石、长白石等）的区别主要在于彼此物质成分、结构及构造、工艺美术性能、产地和产出状况的不同。如果它们的外观特征彼此相似，或因鉴定者的学识、经验、技术水平等的局限而不能进行有把握的“肉眼鉴定”时，这时就要借助于仪器设备，如偏光显微镜、电子显微镜、热分析、红外吸收光谱分析、X射线衍射分析等，就能够准确地鉴别。

△ **青田封门青石龙钮章**

长3.5厘米，宽2.7厘米，高10厘米

3 | 人工处理类青田石的鉴定

天然青田石与人工处理青田石可以采用适当的物理方法（如加热或烧烤）和化学方法（如用酸、碱测试）将它们区别开。

△ **青田封门青石古兽钮章**

长5厘米，宽5厘米，高18.5厘米

第四章 青田石的保养

青田石雕是一代代石雕艺人和欣赏者共同创造的优秀民族文化，是有生命、有灵魂的艺术。其魅力是其他任何艺术不可替代的，丰富的文化积淀使青田这座滨江古城更具神采。青田石雕以秀美的造型、精湛的技艺博得人们喜爱，被喻为“在石头上绣花”，令人叹为观止。投资青田石雕作品要注意以下几个方面。

名家艺术品是收藏投资的首选。石雕艺人在创作过程中尊重石材特点，发挥艺术构思的独创性，对石材原有的不同颜色的斑痕作巧妙利用，青田石雕的镂雕技艺独步天下，将一块块没有生命的石头变成精美的艺术品。

青田石雕，历史悠久，名师辈出，流派纷呈。改革开放后，大批艺人在花卉、山水、人物、动物等多种题材创作上形成独特风格，充分显示了青田石雕雄厚的创作实力和深厚的文化底蕴。投资青田石雕作品，还应重点关注作品的题材，如花卉、山水、人物、动物、植物等，好的题材自身价值较高，且有不断上升的空间。

△ **青田石印章**

长2.4厘米，宽2.4厘米，高9.2厘米

△ **青田封门青石兽钮章**

长2.5厘米，宽2.7厘米，高11.4厘米

青田石的保养

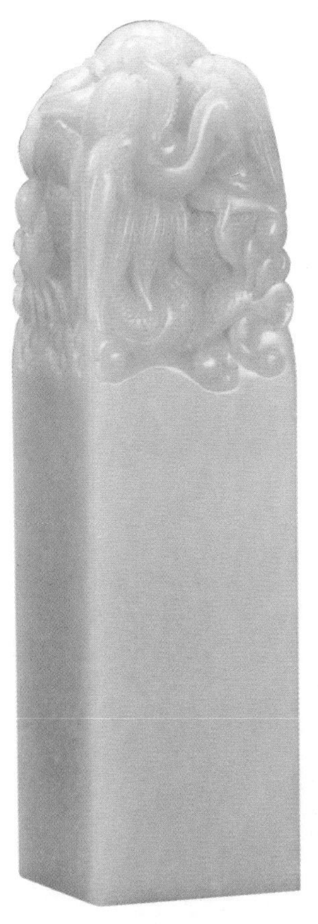

△ **青田封门青石龙钮章**
长3厘米，宽3厘米，高11.5厘米

青田石的保养，主要应该注意以下几点。

首先是“三避”：印石、石雕收藏品应避晒、避风、避尘。印石多为软石类，温润细嫩，所以应该避免阳光直射或风吹，以免印石变色、变质，而出现褪色、裂纹。灰尘多了会损害印石、作品的自然神韵，因此最好能置于玻璃橱内，既便于观赏，又利于保存。

其次是养护。印石、石雕有的是没有经过雕刻的素章，有的虽经雕刻但较整体、浑厚，手感舒适，可经常置于手中，反复摩挲，越久则越光越妙。如果藏品较多，可用封蜡法保养，即将印石、石雕加温后涂上一层薄蜡，用软布擦亮。对一些收藏时间长，已“褪光”的石雕作品，可先置于温水中清洗，在水中加入适量的清洗剂，用软毛刷除去作品表面及洞孔中的灰尘，再用清水洗净、阴干，然后加温、封蜡，即可使作品如新。除少数耐热性差的印石外，最好不要用植物油养护，因油质黏手，有碍玩赏；油易挥发，光泽不耐久；日久油垢难除，影响美观，所以还是用蜡封效果较好。

△ **青田封门青石龙钮章**

长3厘米，宽3厘米，高11.5厘米

△ **青田黑白封门石兽钮章**

长3厘米，宽3厘米，高12厘米

第五章 昌化石的分类

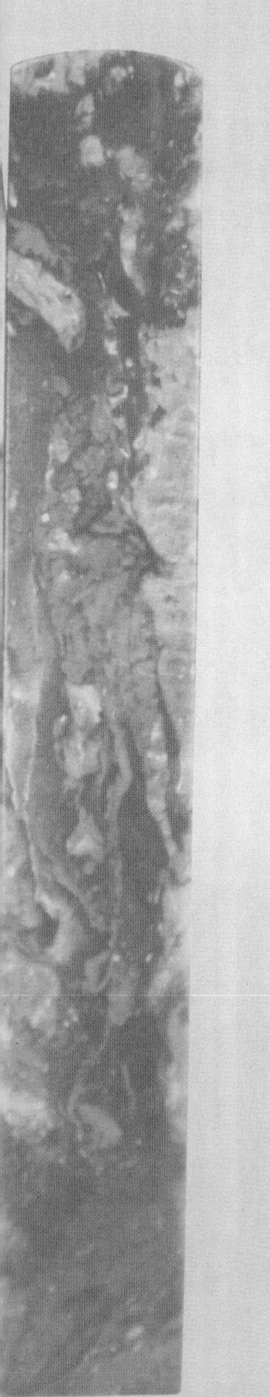

石艺界、收藏界认为，昌化石是色彩最丰富、最富于变化的石材。可以说，其他彩石具有的色彩，在昌化石中都能找到，而其他彩石不具有的色彩，昌化石也有。昌化石的品种繁多，细分起来有上百种，而且还有新品种不断地被发现。

根据产地的传统和石雕艺人、地质工作者较为一致或接近的称谓，昌化石分为鸡血石、冻彩石、软彩石三大类和从属的70多个品种。不同的品类包含着不同的品种，每一个品种的命名都有不同的称谓来源。综合起来大致有如下几个方面。

一、比喻词。把某些品种比作极为相似的物体的姿色形貌。如“牛角冻”“羊脂冻”“肉糕冻”“玻璃冻”等，使这类品种的姿色更加形象，更具特色。

二、借用词。借用词也有比喻的意义，但是因为某些品种同有些著称于世的宝玉石品种极其相似，便借用了这些宝玉石的名称，如“田黄冻”“玛瑙冻”“象牙白”等，引发人们的联想、比较，把握昌化石的身价。

三、色象词。如“银灰冻”“五彩冻”“酱色石”“粉红石”等，直接以某些品种的色象命名，比较顺口、自然、直观。

四、文人雅语。有的石材姿色尤为撩人，个性突出，给文人冠上了雅号，时间一长，自然也被大家所接受，如“刘关张”“黑旋风”等。这样的称谓增添了这类石材的品评韵味，避免了平白的弊端。

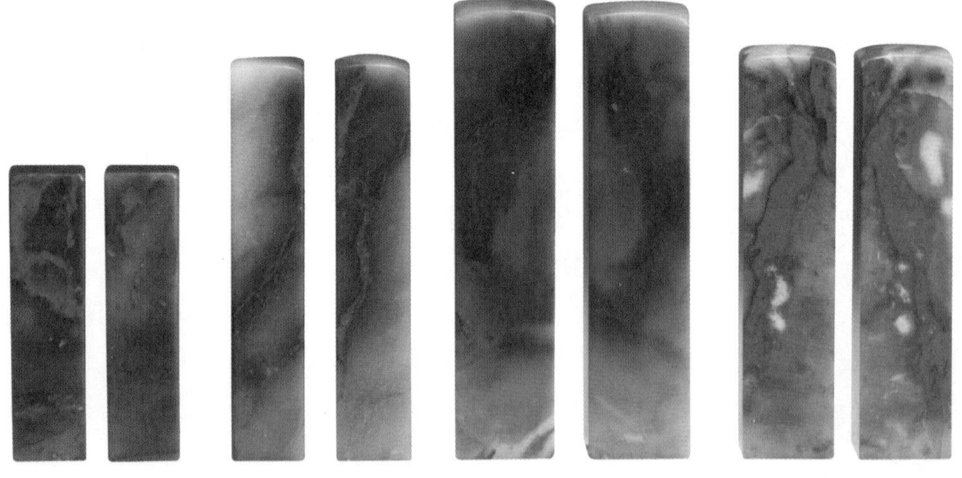

△ **昌化鸡血石方章（八件）**

尺寸不一

一　昌化鸡血石

鸡血石是昌化石的精华，属中国特有的珍贵宝玉石品种，在中国宝玉石中占有突出的地位。在昌化石中，不论何种质地，只要伴生“鸡血”均称鸡血石。昌化鸡血石一般都作为印章材料而出现于市场，因为它稀有珍贵。昌化鸡血石上的鲜红色彩，再加上变化多端的“地张”作为衬托，切割打磨后就成为一件名贵的艺术品了。由于鸡血石的色彩、形态变化太多，使人捉摸不定，即使良工也很难舒展其因材施工的技艺，因此好的鸡血石都不加雕刻，以做印章材料为宜。

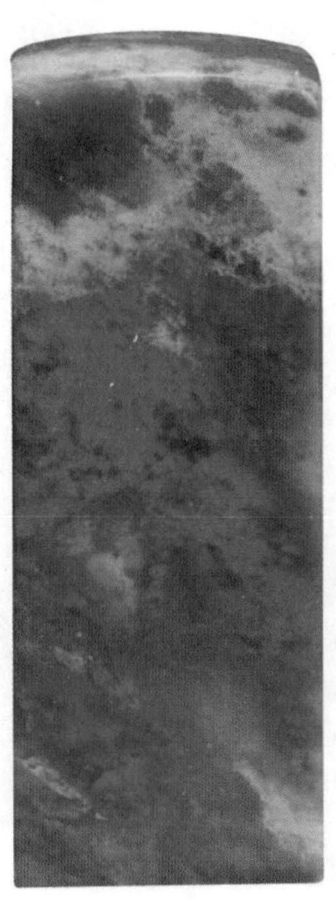
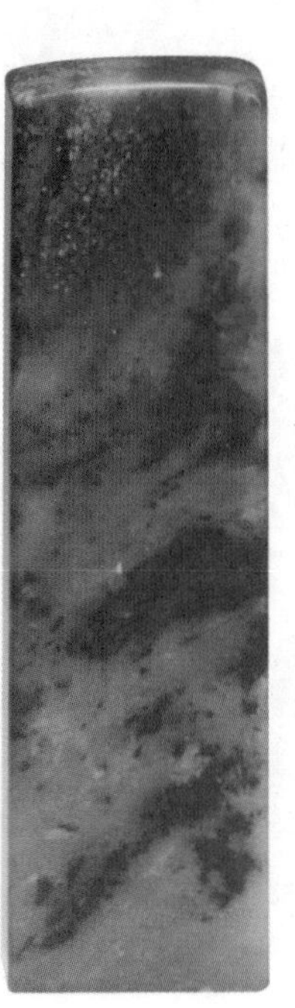

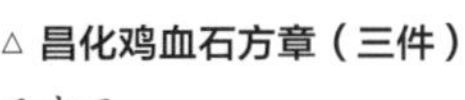

△ **昌化鸡血石方章（三件）**

尺寸不一

鸡血石的“血”是辰砂和地开石、高岭石等矿物的集合体，集合体中辰砂的大小、含量，以及地开石、高岭石等的颜色，对“血”的颜色都有不同程度的影响。鸡血石中鲜红的鸡血色泽，是汞的化合物——硫化汞。硫化汞长时间地受热或暴露在阳光之下，表面层氧化，鲜红的色彩就发黑变暗了，所以一定要把表面的氧化层磨去，其鲜红的血色才会呈现。划分鸡血石品种一般依据质地和色泽。冻彩石和软彩石除翡翠冻、孔雀绿、艾叶绿等，至今没有发现有辰砂伴生外，其余品种的质地都有辰砂渗透。鸡血石的称谓通常根据这些被渗透的冻彩石、软彩石的称谓而定，如羊脂冻鸡血石、牛角冻鸡血石、象牙白鸡血石、桂花黄鸡血石等。此外，由于岩石的硅化而出现的刚地、硬地两类石材，就其本身的工艺价值而言，称不上宝玉石，但它常与辰砂伴生，有的“血”色还非常突出，因而身价倍增，被列为鸡血石一类。据此，昌化鸡血石可分为冻地、软地、刚地和硬地四大类。

△ **昌化鸡血石对章**

长4厘米，高4厘米，高18厘米

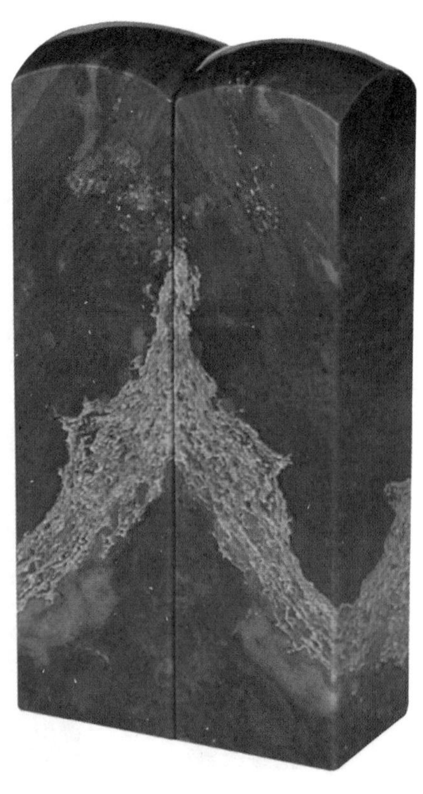

△ **昌化鸡血石对章**

长4.5厘米，宽4.5厘米，高17厘米

△ **昌化鸡血石印章**

长1.9厘米，宽1.9厘米，高6.7厘米

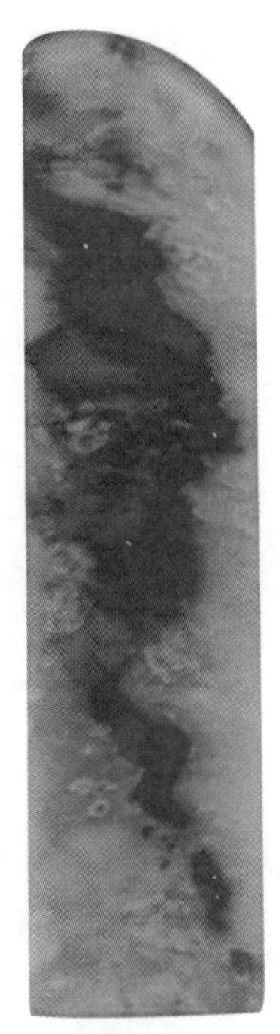

△ **昌化鸡血石斜头章**

长2厘米，宽2厘米，高10.5厘米

1 | 冻地鸡血石

此品种是鸡血石的精英，历来是人们收藏的主要目标和开采的主要对象，不少名品、珍品均出自该品种。冻地鸡血石的成分是辰砂与地开石、高岭石组成的天然集合体，硬度2～3级，微透明至透明，强蜡状光泽，主要品种有以下几种。

（1）大红袍鸡血石，又称“满堂红”，是鸡血石中的精品和极品。其主要特征是鸡血红几乎遍布通体；同时，典型的“大红袍”“中襟”留有衣领状的底色，该石种是因石中含“血量”较多而命名，血色占90%以上者为“大红袍”，占70%以上90%以下者称作“小红袍”。其中硬地者只能作观赏用，产出极少，大材难求。

（2）田黄冻鸡血石，又称“黄冻鸡血石”。质地乳黄，半透明。色泽有深有浅，有暗有亮，有净有瑕。又可分为黄金黄、蜜蜡黄、桂花黄、枇杷黄等多个小品种。深暗的，如熟栗的土黄；浅亮的，如桂花黄、鸡油黄；润的极富玉肌感，入手心荡；瑕的多色伴生或掺有杂质，大多次于明净者。在黄冻地上配以鲜浓的“鸡血”，就像蜂蜜中渗透红彩，艳丽醒目。鸡血石有“石后”之称，而寿山石的田黄有“石帝”之称，因此，田黄冻鸡血石集“石帝”“石后”于一身，实为鸡血石中的上品。

（3）五彩朱砂冻鸡血石，又称“花冻鸡血石”。质地透明或微透明，多色伴生，五彩缤纷，肌理错落，构成千姿百态的图案，是昌化鸡血石中的至宝。

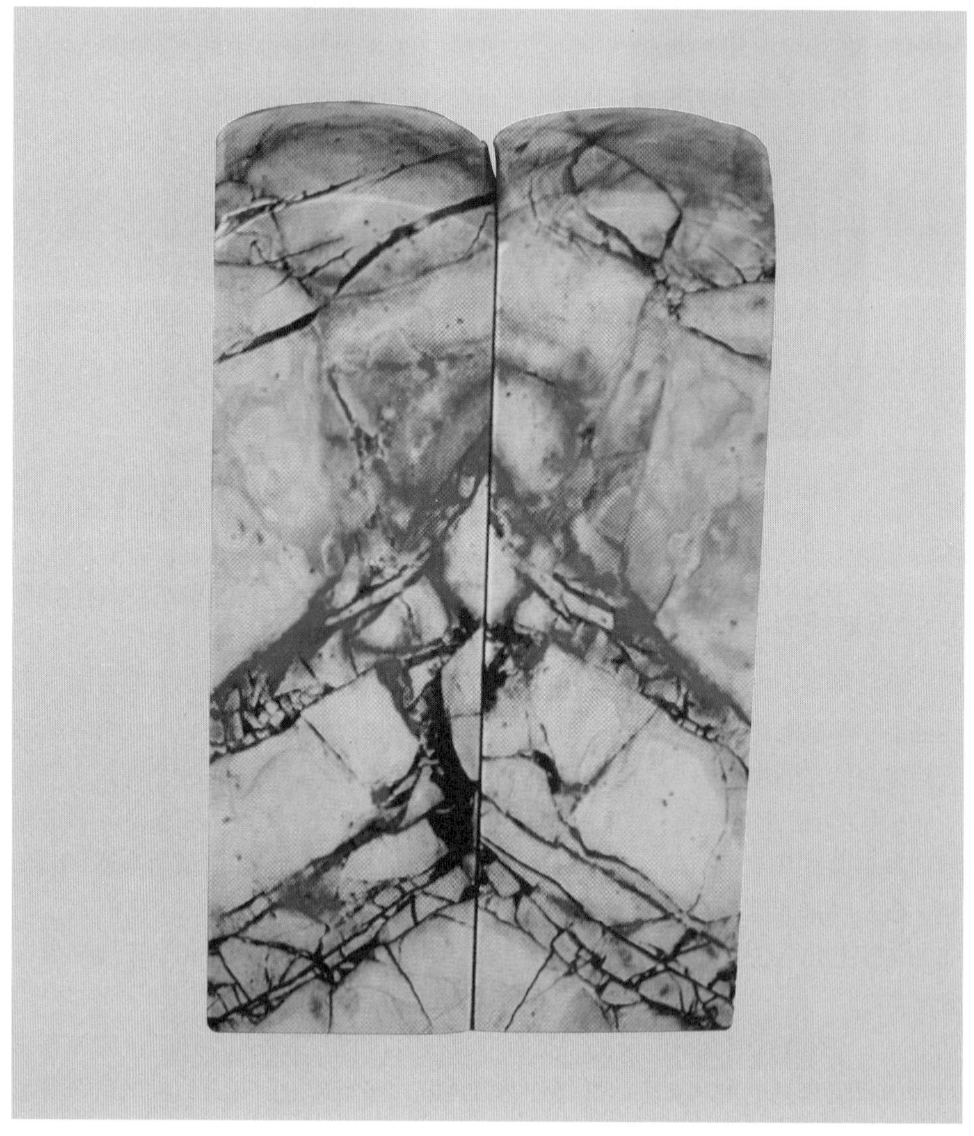

△ **昌化鸡血石对章**

长3.6厘米，宽3.6厘米，高11.5厘米

（4）藕粉冻鸡血石，又称“肉糕冻鸡血石”。浅灰稍带微红，微透明至半透明，似熟藕粉，肌理含小白花点、雪花点、棉絮纹，石质凝冻、沉厚，硬度适中，但色纯者很少，大都含有杂质、杂色斑块，偶见质纯色净者，是难得的品种。

（5）墨晶冻鸡血石。质地为墨色晶状体，微透明，血色在黑度映衬下，格外鲜亮醒目。

（6）条纹冻鸡血石。质地中黑、黄、白几种颜色夹杂着血色，呈条纹状伴生，似木纹者称“木纹冻鸡血石”，似水纹者称“水纹冻鸡血石”。

（7）鱼子冻鸡血石。质地透明或半透明，黑、白、黄与血色伴生，有许多鱼子状斑点散落其间。

（8）鱼脑冻鸡血石。质地多色伴生，呈半透明状，其间散布着如鱼脑般的纹理。

（9）雪花冻鸡血石。质地为灰色，呈半透明状，其间遍布着白灰斑点，似片片雪花。

（10）蛇皮冻鸡血石。质地为黑、白、黄褐等色，与血色伴生，并有斑斑驳驳的花纹，酷似蛇皮。

（11）牛角冻鸡血石。质地灰黑或灰黑中略渗浅黄，颜色或深或浅，或纯净无瑕，或带纹理和其他花纹，半透明。似牛角色，乌冻也属此类。血色在牛角冻地的衬托下显得尤为深沉、热烈。质地以单色为佳，色泽越明净，越能与血色形成对比，显得格外美丽。此品种在各矿区都有产出，但纯净无瑕、血色艳丽的并不多见，属难得的珍品。

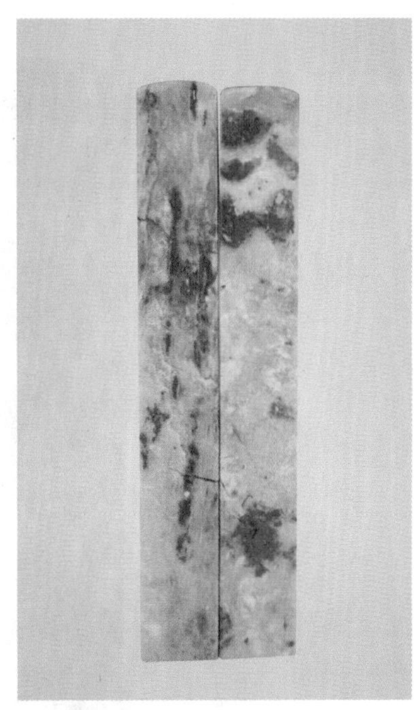

△ **昌化冻地鸡血石对章**

长2.0厘米，宽2.0厘米，高14.5厘米

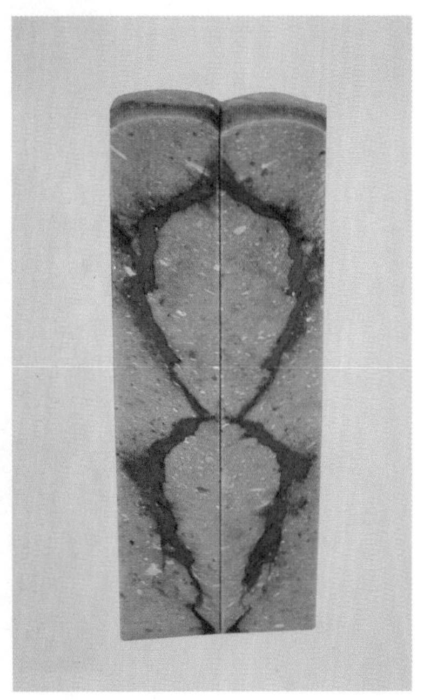

△ **极品昌化豆青地对章**

长2.6厘米，宽2.6厘米，高13厘米

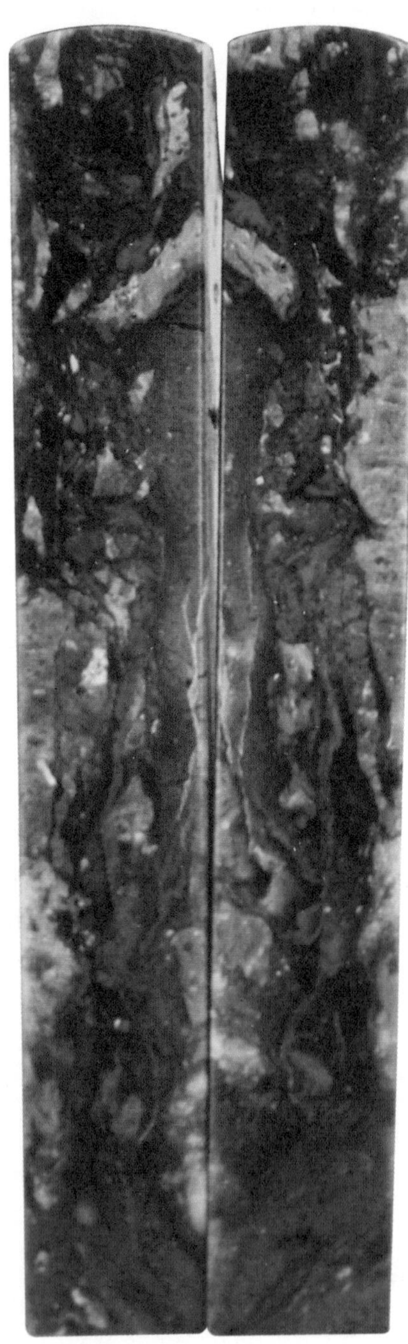

△ **牛角地鸡血石对章**

长1.8厘米，宽1.8厘米，高12厘米

（12）羊脂冻鸡血石。质地细腻，透明度高，呈乳白色，白里透红，白的文静，红的高雅，脂凝温润，纯净洁白而无瑕疵者为上品。其中色如瓷白、象牙者，又称作“白玉地”。在乳白鲜嫩的质地上分布“鸡血”，红白明显，耀眼夺目，有人形象地把它比作是“皓齿朱唇”。透明度较高的，肉眼可见肌内“鸡血”，富有立体感，是爱石者梦寐以求的佳品。此品种产出不少，但质地纯净、血色上等的也求之难得。

△ **昌化牛角冻异型章**

长3.5厘米，宽4.5厘米，高9厘米

（13）玻璃冻鸡血石，又称“水晶冻鸡血石”。浅白，近乎无色，透明晶体状，肌理中的鸡血如在水中浮动，并含棉絮状纹理。石质温润、晶莹，因矿脉很薄，夹生于顽石之中，仅见小材，大料难觅，是冻地鸡血石中透明度最高的一种。在玻璃冻地上，不仅能观赏到表面的“鸡血”，而且能较清晰地透视冻地内部的“鸡血”，有人形象地比作犹如观赏鲜红冰灯，艳丽非凡。此品种产出呈小型团块状，偶见，是珍品中的珍品。

（14）肉糕冻鸡血石，又称“藕粉冻鸡血石”。质地灰中泛红，透明度稍逊于玻璃、田黄、羊脂冻，各矿区都有产出，是冻地鸡血石中较常见的品种。在藕粉冻地上散布着“鸡血”，更给人以沉稳、厚实的感觉。地子纯净、血色艳丽

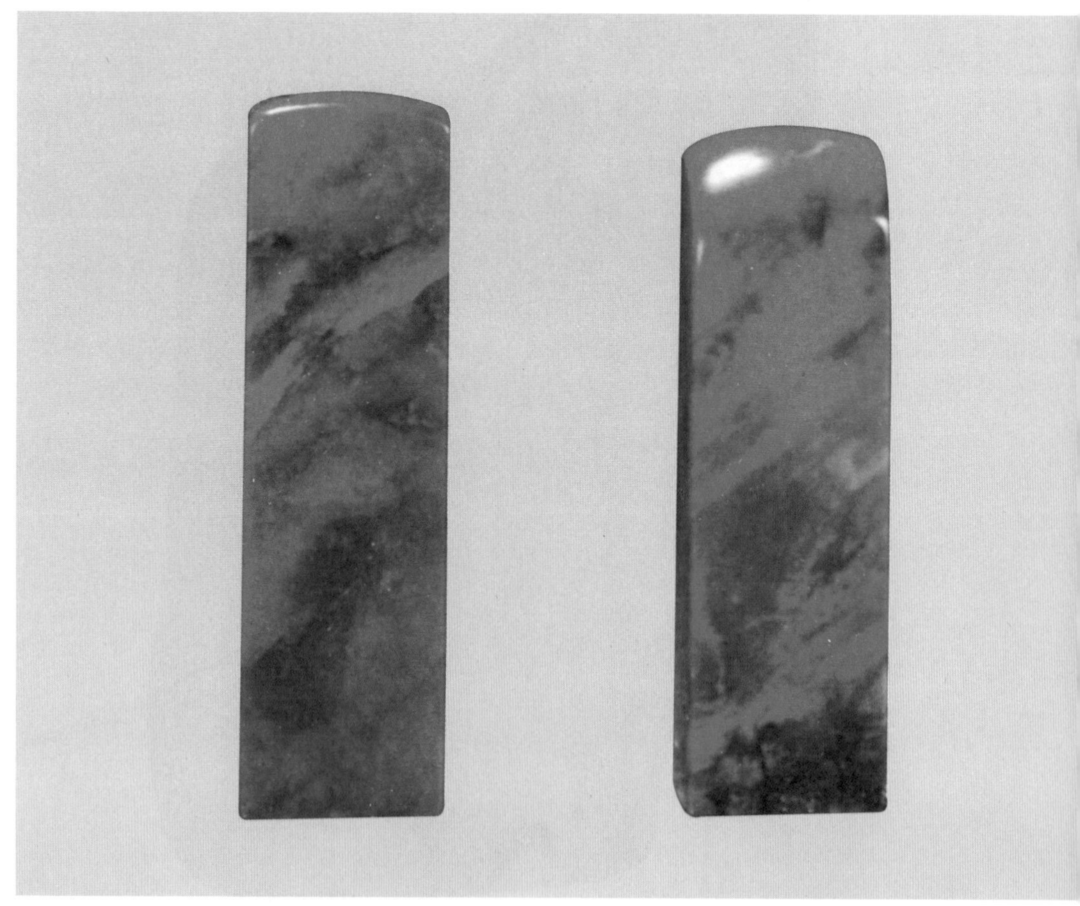

△ **昌化鸡血石章（一组四件）**

长1.4厘米，宽1.3厘米，高5.2厘米　长1.4厘米，宽1.3厘米，高5.1厘米　长1.4厘米，宽1.4厘米，高5.2厘米
长1.4厘米，宽1.3厘米，高5.6厘米

者，也是鸡血石的上品。

（15）朱砂冻鸡血石。质地细腻而微透明，强蜡状光泽，黑（或紫）色、白（或黄）色与血色（红）共生，色彩对比强烈。此品种往往与红、白、黄等色伴生，形成红、黑、黄或红、黑、白的色象。红是自然“鸡血”，白是近似羊脂冻的乳白色，黄是近似田黄冻的黄色。如此三色的协调搭配，古朴典雅。此品种俗称“刘关张”。黄、白色代表刘备，红色代表关羽，黑色代表张飞。三色结合，将《三国志》中刘备、关羽、张飞桃园结义，盟誓同生共死、风雨同舟的深刻含意寓于其中，给朱砂冻鸡血石冠上了一个极雅的头衔。此品种是鸡血石中的珍品，多产于老坑红硐，资源接近枯竭，现在已经极为难得。

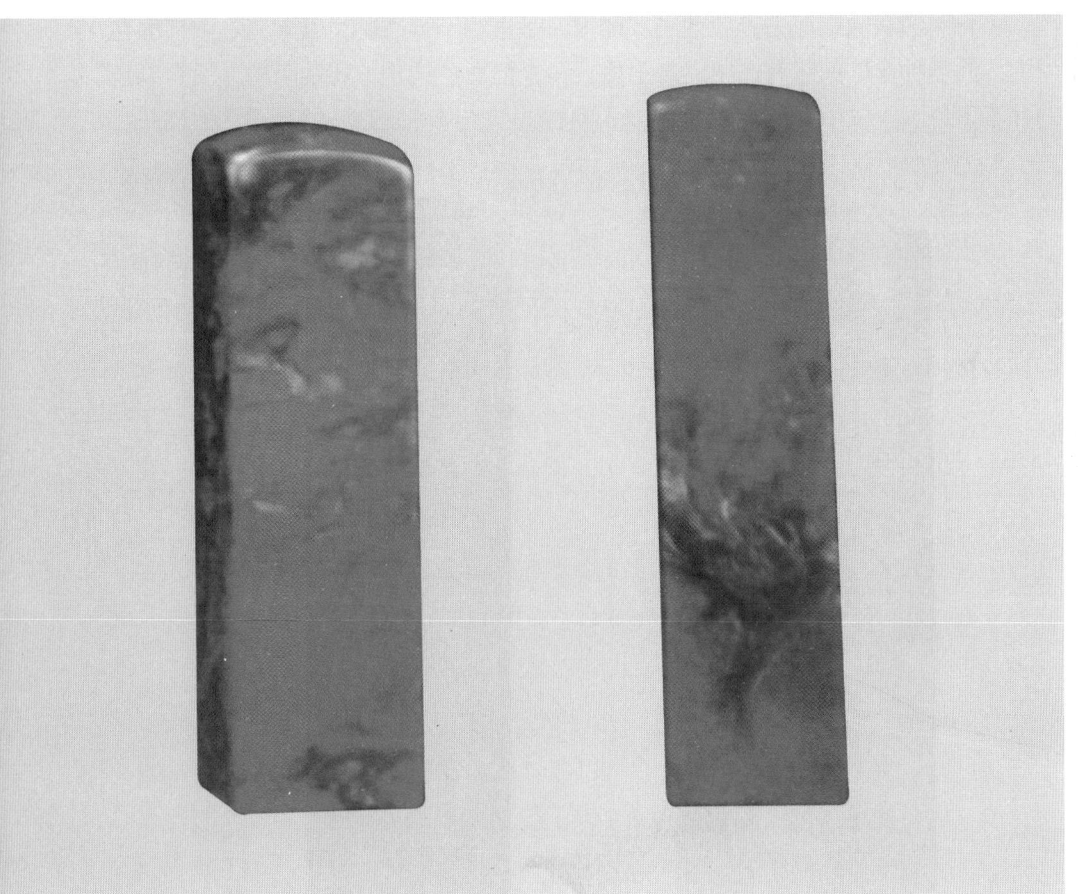

（16）桃红冻鸡血石，又称“玉红冻鸡血石”。质地通体淡红色，艳若桃花，半透明。“鸡血”伴生于淡红色的桃红冻地上，状如玉冰含血，玉里透红，异常娇艳。爱石者常将它作为爱情和幸福的象征而选购珍藏。此品种以纯正者为上品，生有其他杂质的属下品。

（17）芙蓉冻鸡血石。质地玉白色，半透明，玉肌感强。“鸡血”伴生其上，更显得娇艳夺目，光彩照人。质地无瑕疵者，也是鸡血石中难得的上品。

（18）五彩冻鸡血石。质地多色伴生，微透明至半透明。此品种的价值高低除了看血色、血量、血形外，还要看其他诸色是否结合得协调、和谐。“鸡血”伴生在五彩冻地上，就像画龙点睛一般，使彩色画图更显得多姿多彩，富有韵味，很有观赏价值。此品种产出较多。

（19）银灰冻鸡血石。质地浅灰如银，微透明至半透明，以大红、紫红血色为主。此品种各矿区都有产出，产出量较多，但血色纯正，质地明净，没有杂色的并不多见。

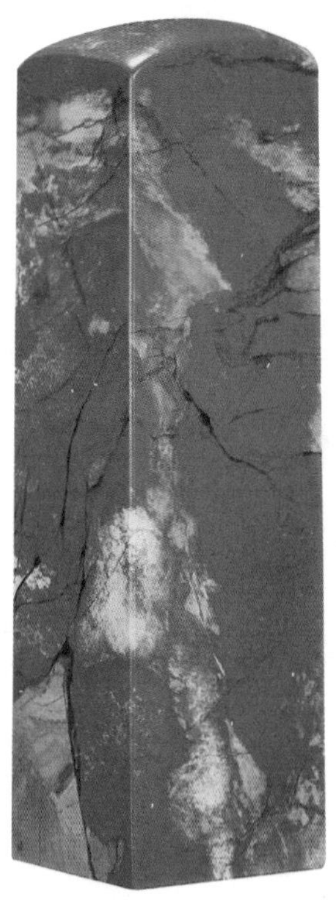

△ **昌化鸡血石章**

长3.2厘米，宽3.2厘米，高10.1厘米

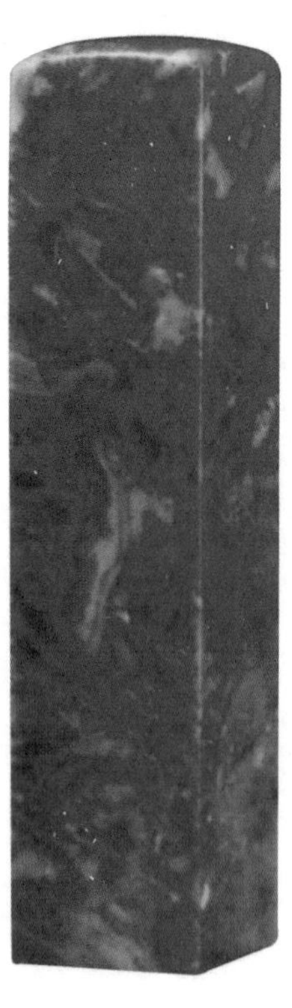

△ **昌化鸡血石章**

长1.6厘米，宽1.6厘米，高7.2厘米

（20）豆青冻鸡血石，又称“薄荷冻鸡血石”。质地呈青灰色，似豌豆或薄荷叶色，微透明，与血色交织伴生，清雅而有青春活力，韵味十足，质地细腻润滑，适宜走刀，极为难得。在豆青冻地上配上“鸡血”，就像蓝天片片红云、朵朵彩霞，又如湖水中盛开的花朵、漂洒的花瓣，韵味甚浓。此品种的“鸡血”因伴生在青灰冻地上，不论血量多少，血型大小，看了都较为舒心。

（21）玛瑙冻鸡血石。质地分橙黄和玫瑰两色，半透明，玉肌感强。“鸡血”往往顺色块纹路伴生，色彩烂漫。有的“鸡血”还顺质地花纹具有同心层，则更是美丽。典型的玛瑙冻鸡血石产出不多。但奇妙无穷，属稀有品种。

2｜软地鸡血石

软地鸡血石以多姿多彩的软彩石为地，其透明度、光泽度虽不如冻地鸡血石，但是不少品种的血色、血形与色彩丰富的质地相融合形成美丽的图纹，却胜过冻地鸡血石。它是鸡血石中最常见的一类，产量约占60％。这类鸡血石的成分是由辰砂与地开石、高岭石和少量明矾石、石英细粒组成，有一定蜡状光泽。硬度3～4级，不透明或部分微透明。主要品种如下。

（1）“黑旋风”鸡血石。质地通体乌黑，富有蜡状光泽。此品种为鸡血石中的上品。常有鲜红、大红的块血、条血或云雾状血伴生。在纯黑明亮的地上伴生“鸡血”，给人以威武豪迈的气势，使“黑旋风”的英雄本色进一步显示出来，因而大大提高了该品种的身价。这类珍品在早年开采中比较多见，近年来

△ **昌化鸡血石章**
长2.3厘米，宽2.3厘米，高11.8厘米

已经十分罕见了。

（2）瓦灰地鸡血石。质地主要是瓦灰石。地色有深有浅，不透明，少量微透明，有一定蜡状光泽。常见有大红血伴生，少量伴生有鲜红血。质地无瑕斑砂丁的，自然柔和。即便血量不多，血色欠鲜，也清淡怡人，惹人喜爱。巴林灰地鸡血石与昌化瓦灰地鸡血石相近，但前者的血色不及后者。此品种许多坑硐均有产出，产量也较多。

△ **瑞兽钮昌化石印章**

长2.8厘米，宽2.8厘米，高6厘米

△ **昌化鸡血石章（二方）**
长2.5厘米，宽2.5厘米，高9.8厘米　长2.6厘米，宽2.6厘米，高7.6厘米

（3）白玉鸡血石。质地以象牙白、鹅蛋白为主，所以又称“象牙白鸡血石”或“鹅蛋白鸡血石”，各类“鸡血”都有。由于此品种质地洁白，光洁度高，玉肌感强，使伴生的“鸡血”更加鲜艳夺目。多数坑硐都有产出，产量也较多，但纯正的属少数。巴林瓷白鸡血石与昌化白玉鸡血石的色泽有些接近，但质量相差甚远。巴林瓷白鸡血石较干燥艰涩，整体感觉呆滞，品质一般。昌化白玉鸡血石无论血色和质地都较有灵性，是昌化软地鸡血石中的上品。

（4）桃红地鸡血石。质地淡红色，不透明，有一定光泽。“鸡血”分布在桃红质地上，反差较小，尤其是偏淡的血色，更与地色接近，冲淡了“鸡血”的艳丽姿色，被人称为“地子吃血”。但是地色淡雅、纯正，血色丰满、浓厚的品种因而加大了反差，变“地子吃血”为“玉里裹红”，则产生了很好的视觉效果。巴林的红花鸡血石与此品种有许多相似之处。

（5）朱砂地鸡血石。质地色泽与朱砂冻相似，但不透明。此品种质地同朱砂冻一样，往往由黑、白、红，或黑、黄、红三色伴生，而以朱砂红或朱砂黑为主。“鸡血”常见有大红色条块状，也有鲜红或淡红色、点状或絮状的。朱砂地鸡血石，也有人称软地“刘关张”，属软地鸡血石中的上品。

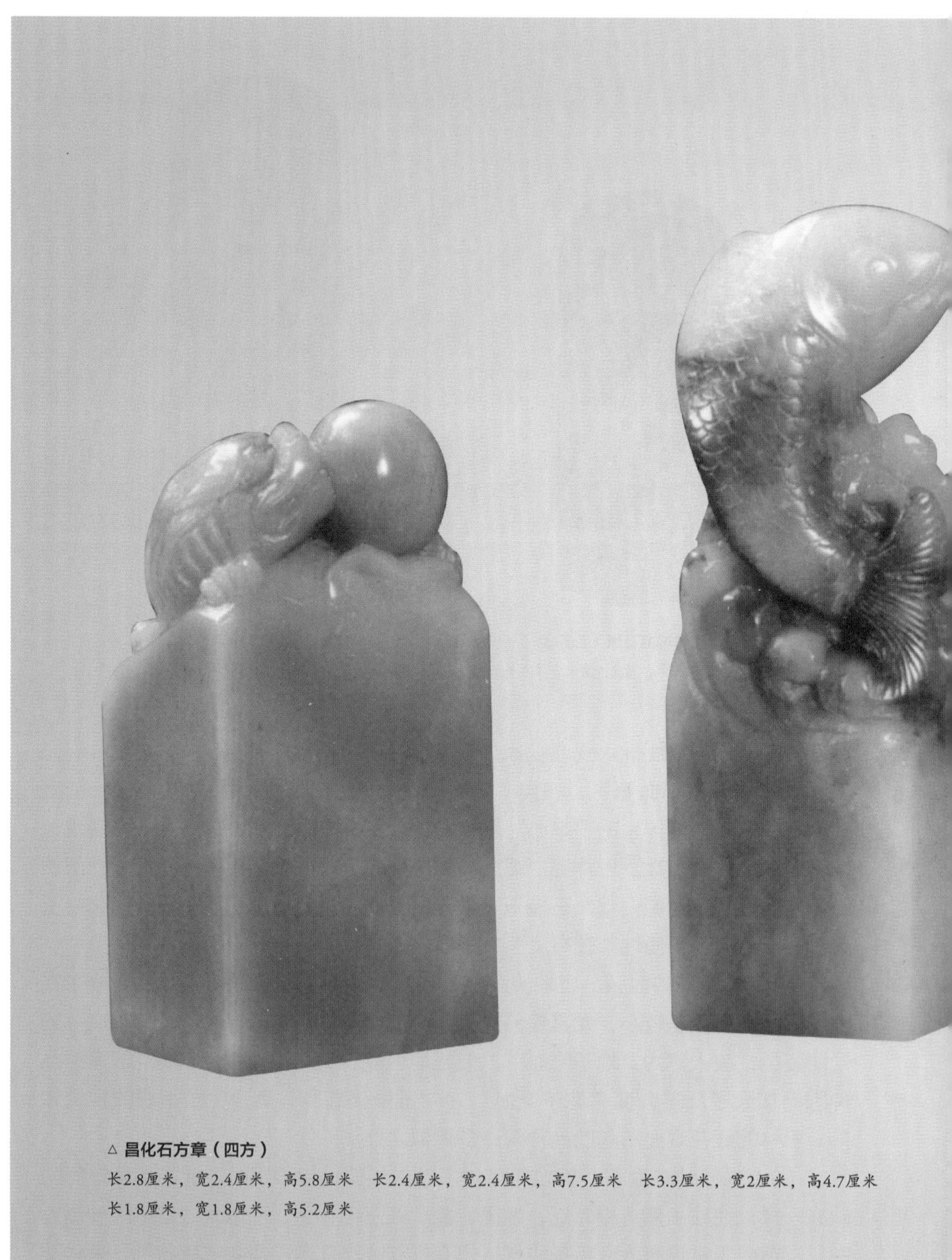

△ **昌化石方章（四方）**

长2.8厘米，宽2.4厘米，高5.8厘米　长2.4厘米，宽2.4厘米，高7.5厘米　长3.3厘米，宽2厘米，高4.7厘米
长1.8厘米，宽1.8厘米，高5.2厘米

（6）紫云鸡血石。质地属软地紫云石，不透明，有一定光泽。常见有“鸡血”紫云图纹伴生，形成奇特的画面。切面图纹往往十分对称，可制成美丽的对章。此品种比较少见，大多出自老坑。

（7）黄玉鸡血石。质地黄色，色调有深有浅。深者如土黄，所以也称“土黄地鸡血石”；浅者如桂花黄，所以也称“桂花黄鸡血石”，不透明。此品种色相变化很多，常混有灰、棕、白、黑、红等杂色，单色明净者较少。各类“鸡血”都有伴生。在明快的黄色地上散布鲜艳的“鸡血”，使人看了赏心悦目、亮丽迷人。黄玉鸡血石近年在新坑产出较多，唯纯正的较少见。由于田黄冻鸡血石求之难得，一些血色好、玉质佳的黄玉鸡血石也成了抢手货。此品种属软地鸡血石中的上品。

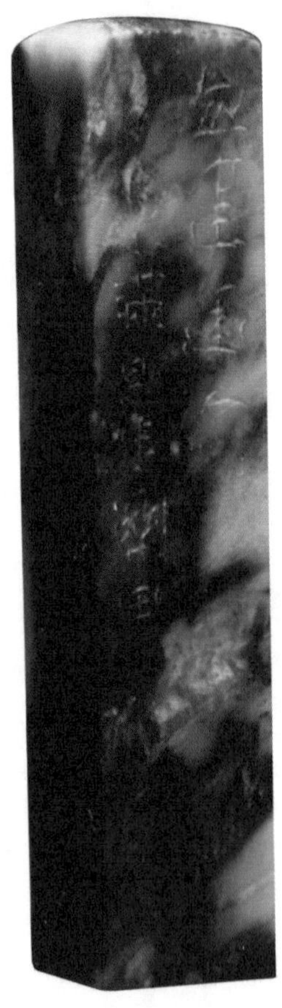

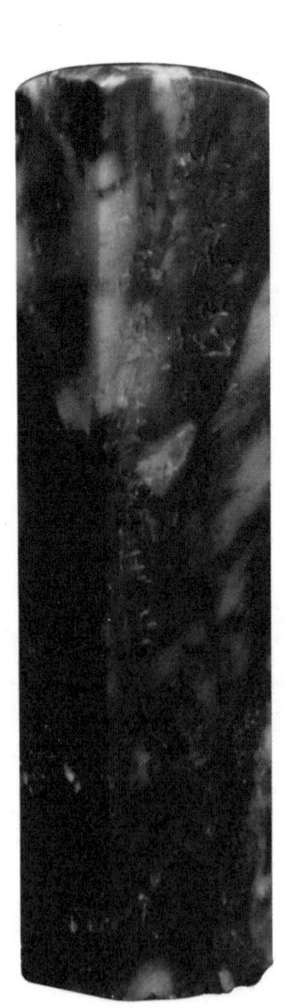

△ **昌化石对章**

长2.2厘米，宽2.2厘米，高11厘米

（8）青玉鸡血石。质地灰中带青，又称“青灰地鸡血石”，不透明，蜡状光泽强，石质较细腻。它与豆青冻鸡血石的地色相近，只是透明度不及豆青冻鸡血石。这个品种各类血色都有分布，优劣以质地纯净度、血色艳丽度和血量的多少来区分。

（9）花玉鸡血石。该品种为黑花鸡血石、红花鸡血石、黄花鸡血石和满天星鸡血石的总称，其色彩纷呈，色相多样，伴生着各种血色、血型。以黑花为地的鸡血石，黑里嵌红，给人以沉着与坚定的激励；以红花为地的鸡血石，红上加红，给人以热烈与友爱的象征；以黄花为地的鸡血石，黄红相映，给人以诚挚与和谐的感觉；以星星花点为地的鸡血石，就像日月星辰，给人以幸运与长久的启迪。该品种各坑硐都有产出，产量较多，以花样得体美观、血色艳丽的为上品。

（10）酱色地鸡血石。质地深棕色，不透明，杂色较少。“鸡血”与深棕色质地组合，色泽尤为深重。

（11）巧石地鸡血石。质地由两种以上界线分明，反差强烈的色块、色纹组成，“鸡血”在巧石地上巧妙分布，常常形成奇特、美丽的图案，不透明。

（12）板纹鸡血石。质地为板纹石，不透明。“鸡血”呈絮状向同一方向分布，形成木纹图案。

3 | 刚地鸡血石

刚地鸡血石与冻地、软地鸡血石少数品种的色泽相近，只是石质成分不同，因而产生了硬度、透明度的不同。此品种与俗称“硬货”的石材，从20世纪80年代开始，随着石雕工艺的发展和对鸡血石工艺要求的变化，逐步被人们重视和开发利用，其中还出现了少数名贵的珍品。刚地的主要成分是辰砂与弱或强硅化的地开石、高岭石、明矾石、硅质成分及微细粒石英的集合体，分软刚地与硬刚地两类。软刚地硬度为3～5.5级。部分质理较细润，有玉肌感，不透明，少量微透明，较易为人们所接受。质地好的同软地鸡血石相似，但最大的弱点是石质脆，易破裂，尤其是在受热、受震的情况下，更是如此。硬刚地硬度大于5.5级。刚地以褐黄色、淡红色为主，大部分不宜雕刻，一般是稍作加工，以其自然美供人观赏。它的主要品种如下。

（1）刚灰地鸡血石。质地色如水泥地，单色居多，有的间有灰白斑块，分软、硬两种，软者尚可受刀。石质缺乏通灵感，不透明，光泽不够明亮。

（2）刚褐地鸡血石。质地浅棕色或深棕色，不透明，石质较呆滞，多数难以受刀。分单色和多色两种。

△ **昌化石章（四方）**

长3.4厘米，宽2.6厘米，高5.6厘米　长2.8厘米，宽2.8厘米，高8.6厘米　长3.3厘米，宽2.3厘米，高5.5厘米

长2.1厘米，宽2.1厘米，高5.4厘米

（3）刚白地鸡血石。质地色如蛋白，粉状感较强，不透明，少量微透明。单色居多，有的在粉白中间有褐黄或粉红色斑纹，布局合理的，也很有韵味。此品种为刚地鸡血石中的上品。

△ **昌化鸡血石章（两件）**

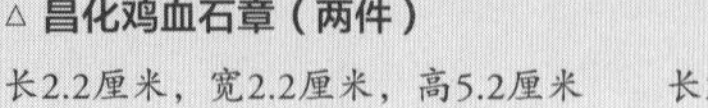

长2.2厘米，宽2.2厘米，高5.2厘米　　长2.3厘米，宽2.5厘米，高10.1厘米

（4）刚粉红地鸡血石。质地浅桃红色，有粉状感，不透明，也有单色和多色两种。此品种也是刚地鸡血石中的上品。

△ **昌化鸡血石章（三件）**

尺寸不一

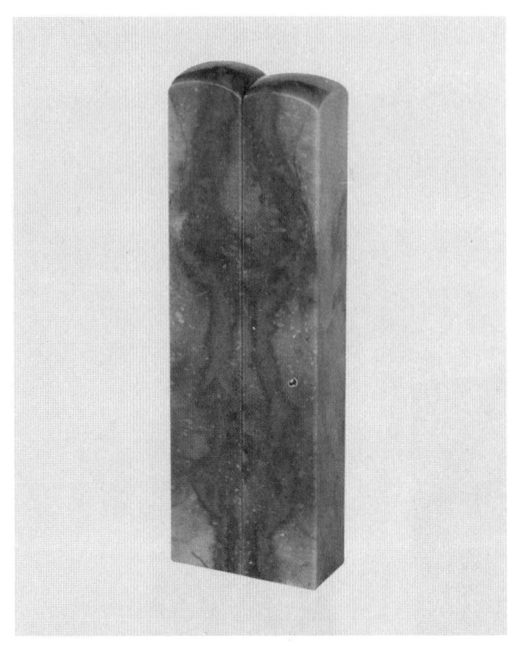

△ **昌化豆青地鸡血石对章**

长3厘米，宽3厘米，高18.5厘米

△ **昌化鸡血章料**

长3.3厘米，宽3.3厘米，高10.2厘米

△ **昌化鸡血石方章**

长2.1厘米，宽2.1厘米，高8.3厘米

4 | 硬地鸡血石

硬地鸡血石的质地成分主要是由辰砂与硅化凝灰岩组成，摩氏硬度在6级以上，甚至达到7级，不透明，干涩少光，俗称“硬货”。

硬地鸡血石的质地颜色比较单调，较常见的有灰色、白色，也有少量黑色和多色伴生。一般来说，硬地鸡血石难以雕刻，均属低档品，但其中一种称“皮血”的品种则属上档品或中档品。这个品种的特点是在硬地的表面伴生着鲜艳的“鸡血”，形成了单面或双面的“鸡血”薄皮，所以也俗称“皮血”。据产地多年观察，质地越硬，其伴生的“鸡血”也往往越鲜越浓，也越不容易褪色。好的“皮血”是制作工艺品和仿古摆件的极好材料，有的只要经表面抛光就是一件十分美观的艺术品。此外，还有灰、黄、黑、褐等为地色的硬地鸡血石。

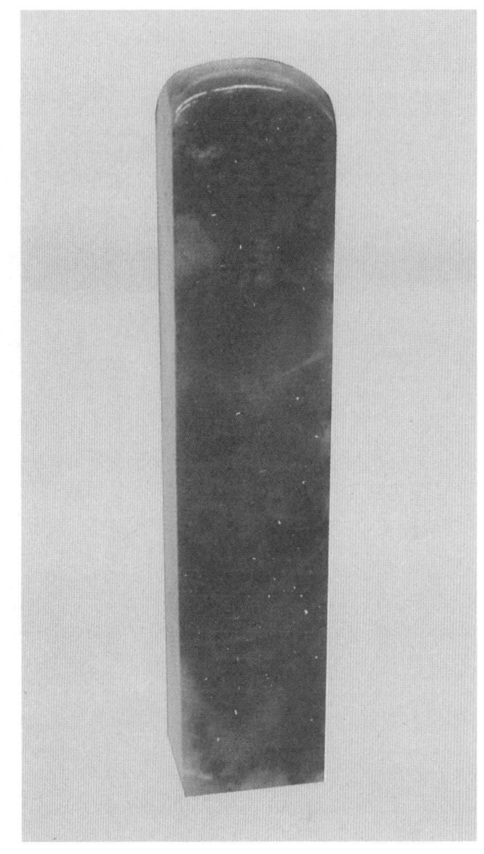

△ **昌化鸡血羊脂地章料**

长2.5厘米，宽2.5厘米，高11厘米

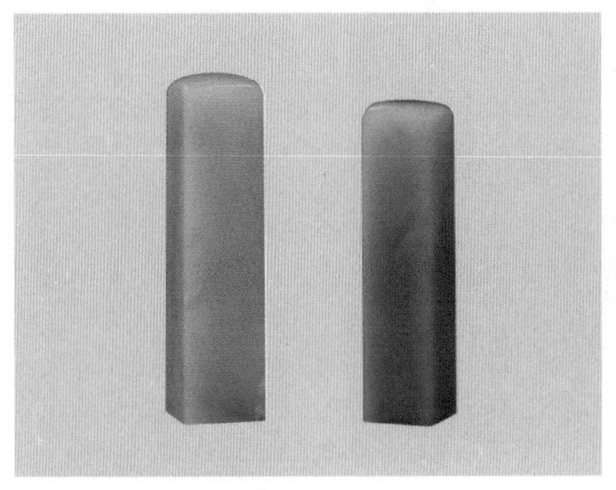

△ **昌化冻方章（两方）**

长1.5厘米，宽1.5厘米，高5.8厘米

长1.3厘米，宽1.3厘米，高5.4厘米

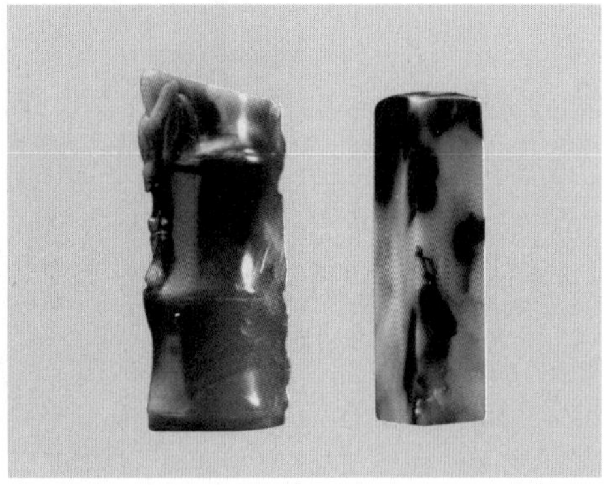

△ **昌化石章（两方）**

长3.8厘米，宽2.8厘米，高9厘米

长2.2厘米，宽2.2厘米，高8.4厘米

△ **昌化墨晶石方章**

长3.2厘米，宽3.2厘米，高10.6厘米

二 昌化冻彩石

冻彩石是昌化石中质地最佳的，它的视觉特点是清亮、晶莹、细润，透明至微透明，具有强蜡状光泽。冻彩石的主要成分由比较纯的地开石、高岭石组成，大多有绵性。冻彩石，一般硬度在2～3级，雕刻时易受刀。根据颜色分为单色冻和多色冻两类，以单色冻为佳。冻彩石往往散布于其他围岩中，有的呈卵状小团块，与其他矿石界限清晰，大块的冻彩石比较少见。

昌化冻彩石品种较多，其中主要的有羊脂冻、牛角冻、田黄冻、玻璃冻、肉糕冻、朱砂冻、桃红冻、五彩冻、豆青冻、银灰冻、玛瑙冻、鱼子冻、红霞冻、芙蓉冻、翡翠冻、蓝星冻、酱色冻、艾叶冻、灯光冻等。

1 | 羊脂冻

乳白色，状似凝结羊脂，半透明。因其酷似羊脂玉，故名。多色的又称“花乳石”。质地色泽以纯净无瑕的最佳，但多数并不是纯乳白色的，有的略带浅灰或蛋青色，有的杂有絮状纹路和白云斑块，只要地子属中上水平，即为难得的上品。

2 | 牛角冻

灰黑色中略渗浅黄，带有牛角剖面的纹理，半透明，富有光泽，石性绵，质地细腻，易受刀。典型的牛角冻属昌化石品种中的珍品之一，求之不易。目前，牛角冻的范围已经扩大，人们把深灰黑色的冻彩石，只要光亮通灵，即使稍有杂质，都包揽在牛角冻之列。所以，现今的牛角冻有偏黑、偏黄等色，有纹理和无纹理的分别。巴林石牛角冻色泽与昌化石牛角冻近似，而透明程度与光泽度各有不同。寿山石牛角冻是黑中带赭，质地通明而富有光泽，色浓的就像牛角，色淡的则似犀牛角，有的肌里有萝卜纹。

△ **昌化藕粉冻鸡血石印章**

长1.6厘米，宽1.6厘米，高7.8厘米

△ **昌化牛角冻鸡血石印章**

长3.6厘米，宽3.6厘米，高12.6厘米

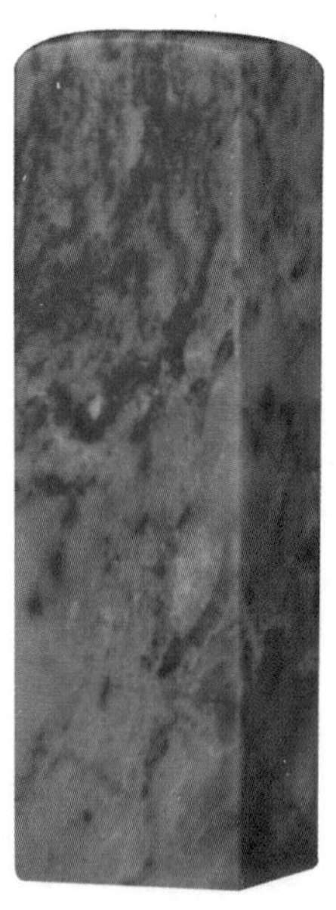

△ **昌化豆青冻鸡血石印章**

长2.7厘米，宽2.7厘米，高9厘米

3 | 田黄冻

田黄冻又称昌化黄。乳黄色，似凝结鸡油，半透明。田黄冻也并不是单一的色彩，其中有熟栗黄、枇杷黄、桂花黄等品种，因质地酷似田黄而得名。以洁净、细腻、温润的为上品，黝暗、粗糙、掺杂的为下品。此冻石为冻地昌化石中的佼佼者，因为矿脉偶见，实为难得。人们在应用中惯以单色冻中的白色半透明“羊脂冻”和灰黑半透明“牛角冻”为上品，而事实上，“田黄冻”非常少见，得到它也难。目前，因田黄石资源枯竭，昌化石田黄冻日益被人们关注，并千方百计追寻和收藏。

△ **昌化藕粉地鸡血石对章**

长2.5厘米，宽2.5厘米，高11.5厘米

4 玻璃冻

玻璃冻又称水晶冻，浅乳白玻璃晶体状，是冻地昌化石中透明度最高的品种。质地细腻，光泽度高。有的带有白色絮状条斑。产出甚少，且无大的块体。色泽纯净的为最佳，属昌化石中的珍品。

5 肉糕冻

肉糕冻又称藕粉冻。浅灰稍带微红，似熟藕粉，又如肉糕，有浓粉感。半透明或微透明，易于受刀，易于表现雕刻技法，是雕刻的好材料。该品种在冻地昌化石中产出尚多，但是色彩均匀，无杂色的也较少。色泽的基调较深沉，与其他冻地比，明快不够，但是给人以淳朴、厚实、稳重之感。

△ **昌化藕粉地鸡血石方章**
长2.6厘米，宽2.6厘米，高11厘米

△ **昌化黄地鸡血石方章**
长2.4厘米，宽2.4厘米，高11.5厘米

△ **昌化鱼子冻鸡血石方章**

长1.7厘米，宽1.7厘米，高8厘米

△ **昌化藕粉冻地鸡血石方章**
长2.5厘米，宽2.5厘米，高15厘米

△ **昌化牛角冻地鸡血石方章**
长2.6厘米，宽2.6厘米，高14厘米

6 | 朱砂冻

朱砂冻为紫黑色，或棕红色。偏黑的如黑枣，称“黑朱砂”；偏红的如红枣，称“红朱砂”，微透明。此石石质沉稳、润泽，实而不燥，是产量较少的优质石材。朱砂冻往往同白、黄、红等色伴生，形成逼真自然的画面。这个品种色泽艳丽而高雅，丰厚而脱俗，是爱石者喜好收藏的好材料。此石多产于老坑，极为难得，属冻石中的珍品。

7 | 桃红冻

桃红冻又称玉红冻，通体粉红色。色深的接近鸡血红，半透明，状似红蜡烛，艳若桃花，娇美异常，石质温润柔和。该品种易受刀，也很能表达人物意境。质地以纯正为上品，如在桃红地上生有其他杂迹，就显劣相。寿山石的水坑石中有一种桃花冻，一名“桃花水”，此冻石是在白色透明的石质中含鲜红色细点，或密或疏，浓淡相宜，形状像片片桃花瓣，浮沉于清水中，而昌化石的桃红冻是根据它那近于桃花色的玉质而命名的。巴林石中也有桃花冻的品种，它虽与昌化石的桃红冻相似，但是颜色较淡，没有昌化石的桃红冻那么鲜浓。桃红冻的外表往往包裹着一层白色、黄色或灰色的冻皮，这更利于雕刻时表现主题。

8 五彩冻

五彩冻为红、白、棕、黄、黑等多种颜色交错伴生的花冻石，微透明至半透明，或部分半透明。各色块的透明程度不同，也有透明色块和不透明色块组合在一起的。其色彩变化多端，并无颜色花纹相同的定式。色与色之间接触面多数不够整齐，呈过渡性渗透演变，色块混合，斑斓多姿，富有诗意。价值高低取决于各种色彩结合得是否和谐美丽，如果形成晶莹的彩色画图和人与物的形象，则是十分难得的珍品，很有收藏价值。有的冻地常有黄、白斑块出现，俗称“花生糕”，如与其他色块搭配协调，则别有一番情趣。反之，便变成瑕斑，有损于石质的美观。五彩冻产出较多，细分起来，还有以某一种色块为主的彩冻，如黄花冻、白花冻、红花冻、黑花冻、银花冻等。昌化石的五彩冻与巴林石的五彩冻相似，但前者色彩比后者更丰富，变化更大。青田石有封门五彩冻和旦洪五彩冻，与昌化石五彩冻也有些相似，只是青田石五彩冻还有青、蓝、绿等色块夹生其间，今天已经很难得。

9 豆青冻

灰白中泛青，又称薄荷冻，微透明至半透明，状似豆青，又像薄荷汁。色调清淡，石质细润，淡雅而富有活力，易受刀。它与巴林石的薄荷冻色调基本一致。

△ **昌化豆青冻地鸡血石方章**

长2.6厘米，宽2.6厘米，高11厘米

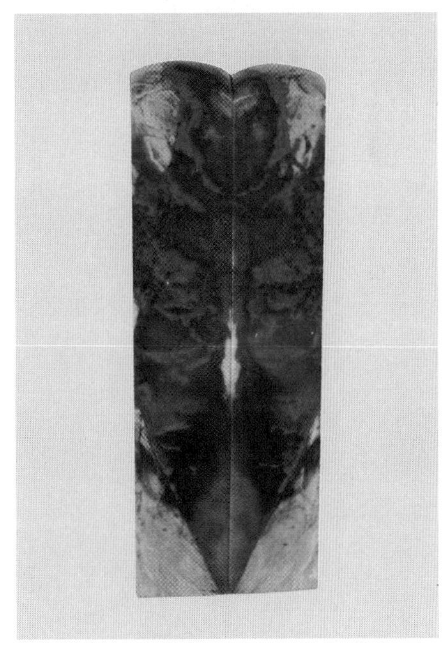

△ **昌化豆青冻鸡血石对章**

长2.9厘米，宽2.9厘米，高15.5厘米

△ **昌化豆青冻蝉钮章**
长3.8厘米，宽2.8厘米，高5厘米

10 | 银灰冻

浅灰，如银色，微透明至半透明。有的在淡灰中杂有朵朵云团的黑块，把这种石材装点得更加美观。冻地明净，没有杂色的为上品。银灰冻在产地产出较多，但是地佳色艳的也是少数。

11 | 玛瑙冻

玛瑙冻为橙黄色或玫瑰色，半透明。它以玉肌感强的特点区别于其他相似的冻石。寿山石水坑冻中也有玛瑙冻，其特点是红、黄两色，半透明，像玛瑙，光彩烂漫。纯红的名“玛瑙红”，纯黄的名“玛瑙黄”，也有浅灰色块。

12 | 鱼子冻

鱼子冻为灰白色，半透明。它与银灰冻的区别在于鱼子冻特别晶莹脂润，并在半透明质地中散有小点白花，是昌化石中的名贵品种，产出甚少。

13 | 红霞冻

红霞冻在浅黄、灰白或青灰地上伴生赭色或褐红色块，就像夕阳西下或旭日东升时的朵朵红霞。半透明，色彩明朗。它与青田彩霞冻相似，主要区别是彩霞冻地色偏黄，红霞冻色泽富有变化，两者透明度相差无几。

14 | 芙蓉冻

芙蓉冻为玉白色，半透明，光滑脂润，玉肌感强，偶有其他色彩丝纹伴生，石性柔和细腻，易受刀。

△ **昌化玛瑙冻地鸡血石方章**
长2.4厘米，高2.4厘米，高11厘米

△ **昌化鸡血石章**

长2.7厘米，宽2.7厘米，高8.3厘米

15 | 翡翠冻

翡翠冻色如翡翠绿，有略深、略淡两种，半透明或微透明。质地细润，有的局部隐有白雾或边缘不清的白纹，姿色绮丽。通灵者与翡翠相比，几乎仅有软硬的分别。目前，产出很少。

16 | 蓝星冻

蓝星冻为嫩蓝泛白，布有墨蓝星点或条纹，半微明或微透明。质地温雅深邃，通体晶莹，星点散布自如的也为稀罕珍品。青田石有蓝花冻品种，呈紫蓝色，表层散布着宝蓝色斑点或金色星点，硬度6.5～7.5级，不易雕刻，与昌化石蓝星冻有较大区别。巴林石有蓝星冻品种，灰蓝色，内含有少许如浮云的紫纹，地色接近昌化石蓝星冻。

17 | 酱色冻

酱色冻为棕褐色，像酱油，有偏黄、偏褐两种，半透明或部分微透明。色调深沉稳重，实而不燥，少绺裂。质地温润、纯净无瑕的质量较佳。它与巴林石酱油冻相似。

18 | 灯光冻

灯光冻为灰白中微透浅黄色或略泛绿色。透明度逊于水晶冻，放在强光下照射灿若灯辉。性绵，容易雕刻。因为形状像青田灯光石，故名。

19 | 银镶金

在象牙白、鹅蛋白或其他白色的地上，伴生深浅不同的黄色团块或条块，姿色异常美观，人们把它比作在银地上嵌镶着金块、金条，所以称为银镶金。质地半透明，以色见长，石质温润，适宜雕刻。

20 | 金镶银

在黄色的地上，伴生各种白色团块或条块，光泽好，姿色也异常美丽，人们把它比作在金地上镶嵌银块、银条，所以称为金镶银。半透明状，以色见长，石质温润，适宜雕刻。人们把“银镶金”和“金镶银”称为姐妹石。

三 昌化软彩石

产地人称软彩石为软地玉石。它的主要成分为地开石、高岭石，含有少量明矾石和石英，硬度在3～4级，有一定的蜡状光泽。软彩石是昌化石中最常见的一类，产量约占昌化石的50％。按其色泽可分单色与多色两大类。主要品种有黑旋风、乌鸦石、瓦灰石、象牙白、鹅蛋白、桃红石、鸡肝石、粉红石、朱砂石、紫云石、土黄石、桂花黄、孔雀绿、青灰石、黑花石、艾叶绿、红花石、黄花石、满天星、五彩石、板纹石、巧石、酱油石等。

△ **昌化藕粉地鸡血石方章**
长2.6厘米，宽2.6厘米，高11厘米

△ **昌化藕粉地鸡血石方章**
长2.8厘米，宽2.8厘米，高9.5厘米

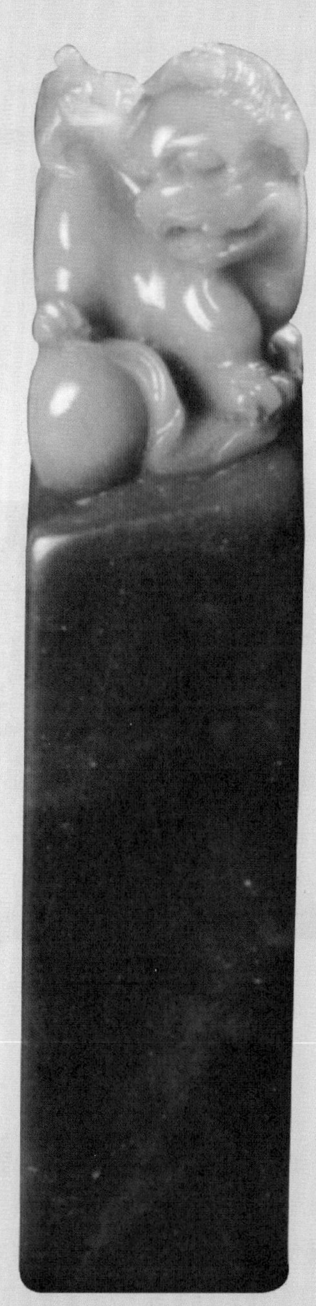

△ **双狮戏珠昌化石对章**

长2.6厘米，宽2.6厘米，高9.8厘米

1 | 黑旋风

黑旋风通体乌黑，富有蜡状光泽，就像眼珠，漆黑有神，给人以肃穆、威武的感觉，所以有人将它比作彪形黑体的梁山好汉——黑旋风。这个品种的石质细绵，不透明。色泽纯净的，一片墨黑，就像黑漆染体，十分壮丽。多色的，在乌黑地上，配上其他颜色，界限十分清晰。如果分布得体自如，并有一定造型，则会有另一番情趣，属于珍贵品种。雕刻艺人常常选这种石材加工成雕件底座，或者进行薄意雕刻，反差会特别明显，造型十分美观。这种同青田墨精石有些相似，而光泽度略胜墨精石。

△ **昌化鸡血石方章（三件）**

长2.7厘米，宽2.7厘米，高9.5厘米　长2.5厘米，宽2.5厘米，高8.7厘米　长2.2厘米，宽2.2厘米，高7.5厘米

2 | 乌鸦石

乌鸦石是指墨黑和深灰两种色块结合在一起，互相渗透，色界不清晰。墨黑色块比浅黑色块的光泽更亮，浅黑色块略呈粉状，整体形象似乌鸦羽毛色泽。此品种质地不透明，石质细绵，没有砂丁，易受刀，是雕刻的好材料。寿山黑田石中有一种俗称“乌鸦皮”的石种，它是在黑田石外表挂有的微透明的黑色皮层，浓淡变幻像癞蛤蟆皮，所以也称“蛤蟆皮”，这同昌化乌鸦石外表肌里保持一色是不同的。

△ **昌化乌鸦皮田黄鸡血石**

厚5厘米，宽18厘米，高20厘米

△ **昌化田黄鸡血异型章**

长3厘米，宽2.8厘米，高5.5厘米

3 | 瓦灰石

浅灰色，像瓦灰，所以称瓦灰石。此石种与冻石中的银灰冻比较，颜色相同，但是不透明，有一定的光泽。部分石材间有黑、白、赭等色，而主色调仍然是瓦灰。石质细绵，易于受刀。

4 | 象牙白

象牙白通体洁白，像象牙一样，又像白瓷，色泽光洁，不透明，玉肌感强。石质细腻，易于受刀，适宜精雕细刻，特别是人物的雕刻。这种石没有羊脂冻那么透明，但其纯白程度比羊脂冻浓，在外观上给人以温润、纯洁、素雅的特色，显示出吉祥如意、纯洁无瑕的美感。白玉石在产地产出比较多，但是象牙白这样的品种却不是很多，因此也属难得的上品。

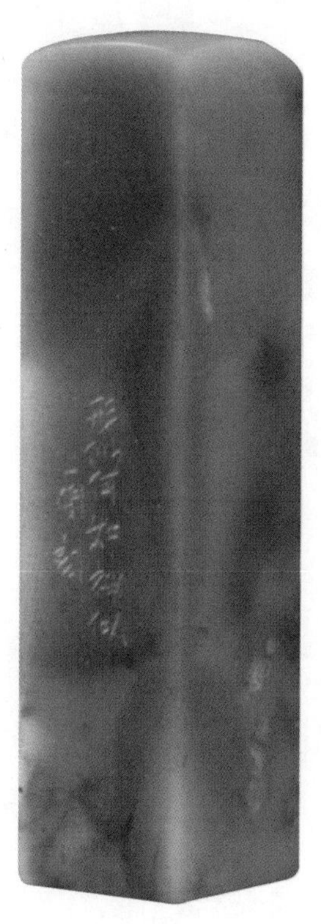

△ **昌化石印章**

长1.8厘米，宽1.8厘米，高7.9厘米

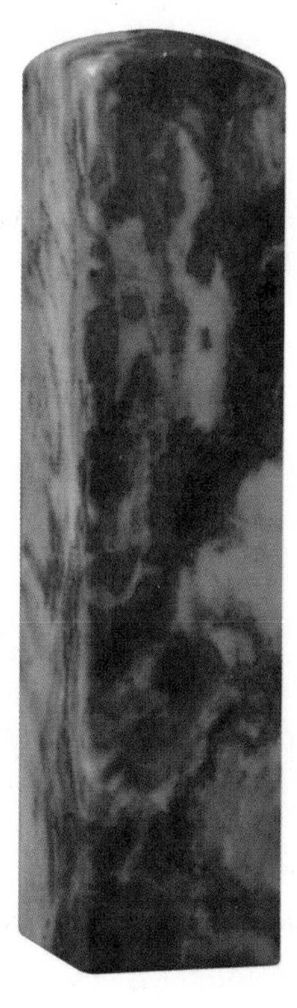

△ **鸡血石印章**

长2厘米，宽2厘米，高8.8厘米

5 | 鹅蛋白

鹅蛋白像蛋白色，略有粉质感，微泛青，颜色浓淡程度不一，富于变化。光洁度稍逊于象牙白，部分石材间有黄斑，不透明。石质细腻，易雕琢，对变幻的色彩巧加利用，可以获得很好的效果。

6 | 桃红石

桃红石为淡红色，像桃红，颜色比鸡肝石浅，比粉红石鲜艳。色彩或深或浅，有的还夹杂有其他的色纹和色斑，以色纯净的为上品。不透明，石性绵，易于雕刻，是人物、动物造型或作薄意雕刻的好材料。这种石与青田桃红石相比较，色泽偏淡。

7 | 鸡肝石

鸡肝石为褐红色，像鸡肝，不透明，通灵感较差，但是地子较纯，即便有白、黄斑纹渗透，也比较自然妥帖，具有较高的观赏价值。石性绵，易于受刀，经常作为人物造型。有的在表面附着一层洁白皮层，是浮雕的极好材料。它与青田猪肝红相比，色泽较浅，纹路变化较多。

△ **昌化鸡血石罗汉钮章**

长2.5厘米，高2.5厘米，高9.6厘米

△ **昌化鸡血石龟龙钮章**

长4.3厘米，宽3.5厘米，高7.8厘米

8 | 粉红石

浅桃红色，有浓粉感，所以称粉红石。不透明，少量微透明，石性较硬，较脆，易碎裂，近似软刚板地一类的石材。一般不作雕刻，常供观赏用。

9 | 朱砂石

朱砂石为紫黑色或棕红色，偏黑的像黑枣，偏红的像红枣。该石往往同白、黄等色伴生，色彩醒目、沉稳。石质润泽，实而不燥，表现出很强的自然美，有很高的欣赏价值。该石色泽与朱砂冻相同，只是质地不透明。巴林朱砂红呈赭红色，表面可见石内隐现极细微的闪光点，据此，可区别于昌化朱砂石。

△ **昌化鸡血石章（两方）**

长2.1厘米，宽2.1厘米，高6.1厘米　长1.8厘米，宽1.8厘米，高6.1厘米

10 | 紫云石

紫云石在白地、青灰地或浅黄地上，散布着紫黑色的色纹、色块，形成了或动或静的紫色云彩或其他紫色彩图，偶有砂丁。该石虽不透明，但其色彩所构成的图纹，实属不可多得的大自然艺术品。其切面上往往能制成图形景象对称、韵味甚浓的对章。石性温和细腻，一般不用雕琢，任其自然美。

11 | 土黄石

土黄石通体色像黄土，不透明，石质凝腻坚实而富有厚重感，较少有杂质和其他变色。该石种软硬适中，适宜雕刻，特别是人物、动物的雕刻。

12 | 桂花黄

桂花黄为浅黄色，比土黄石更鲜艳，有细腻柔和感，不透明，常常夹杂有灰白色块、色纹，布局合理的也很有韵味。此石易受刀，适宜雕刻。

13 | 孔雀绿

孔雀绿为翠绿色。色纯的较少，多为浓淡不匀的翠绿色块互生，色深的接近墨绿，色淡的接近石绿，像孔雀羽毛的颜色。有的石材常由幻化其中的灰白纹路勾画出山峦、泉水等图案，也有的常由深棕色纹路勾画出奇特的图案，十分好看。石质较温润，容易雕刻造型。

14 | 青灰石

青灰石为灰地泛青，不透明，与薄荷冻颜色有些相似，石质较细腻，易受刀。此石常常伴生有白色条纹，就像大理石花纹，造型美丽，别具一格。

15 | 黑花石

黑花石在灰、黄等颜色的地上，散布着黑色斑块、条块，或星星点点，或连片成团，或曲折蜿蜒，就像国画泼墨，通体以黑色为主。该石不透明，但是绺裂较少，石性温润，常常作为观赏用，或选为巧雕石材。花纹清晰的也常被切割成对章。

16 | 艾叶绿

艾叶绿为墨绿色，与艾叶冻比较，色泽偏深，不透明，实而不燥，给人以沉稳深重的感觉。该品种常伴生有深棕色花纹，美丽得像山水图案。艾叶绿和翡翠绿常被雕刻艺人选为鸡血石和其他红地玉石的配色材料，进行雕刻造型。

17 | 红花石

红花石在白、黄地上，散布着红色（非鸡血红）团块、条块，形成以红色为主的色彩图案，花纹美丽的，欣赏价值甚高。该石不透明，石性有绵、脆两种。绵的较温润，绺裂较少，可供雕刻；脆的较硬，易损裂，可供观赏。

18 | 黄花石

黄花石在白、灰、浅黄地上，散布着土黄色或橙黄色斑点、条块，形成了以黄色为主的色调。不透明，石性有绵、脆两种，绵的较温润，适宜雕刻，或切割成对章；脆的易损裂，适宜观赏。

19 | 满天星

满天星在褐色的地上，散布着星星点点的棕色或灰色斑点，仿佛夜空星辰，十分美观。不透明，石性较硬，常有砂丁或硬块出现，不适宜雕刻，可供观赏用。

20 | 五彩石

五彩石又名美石，在乳白色或乳黄色的地上，散布着各种色彩的花纹，素雅清新，绚丽多姿，形似彩色图画，妙趣横生。不透明，色泽与五彩冻相似。

21 | 板纹石

板纹石在灰色、青灰色或微黄色地上伴生横向、纵向或斜向较有规则的条纹。条纹有黑、白、黄等多种颜色，很像木板的条纹。不透明，很少有绺裂和砂丁，产出不多。

22 | 巧石

巧石与五彩石的特征相近。主要区别在于巧石为两种以上颜色形成的色调，色与色之间界限较分明，不同颜色多数呈块状，反差较强。不透明，易受刀，是因色巧雕的极好石材，雕刻品意趣盎然。

23 | 酱色石

酱色石为深棕色，不透明，缺少通灵感，但是地子较纯，杂质较少，色泽深重。此石与“酱油冻”颜色类似，因为透明度不同，所以分成“酱色冻”与“酱色石”两个品种。

△ **昌化鸡血石章**

长1.9厘米，宽1.9厘米，高4.9厘米

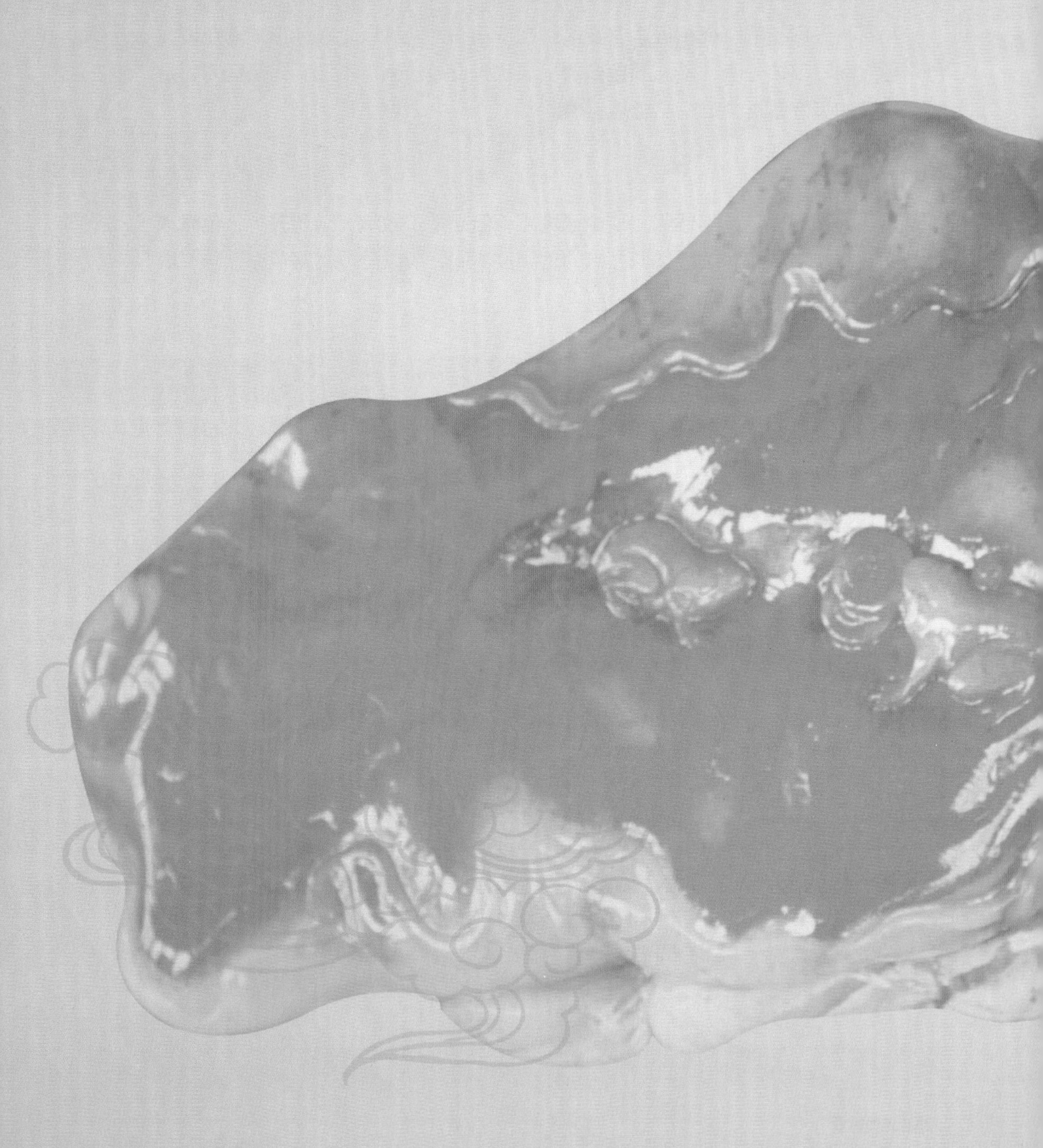

第六章 昌化石的鉴赏

昌化石是举世闻名的国宝良石，在近年来兴起的收藏热潮中身价倍增。但是观其质量，品种之间高低悬殊很大，同一品种中优劣的悬殊也很大。如冻地鸡血石珍品比普通刚地鸡血石的质量要高出几百倍；在同类的冻地鸡血石中，质地纯净的鲜红羊脂冻鸡血石比多杂质的灰冻鸡血石质量也要高出几十倍，甚至几百倍。所以有的人便根据昌化石名目繁多的品种和不同品种间的悬殊差异，伺机牟取不义之财，在昌化石交易中以假乱真、以次充好，使不少不甚熟悉昌化石的人蒙受了巨大的经济损失。因此，对昌化石质量的鉴别，是实用性很强的技能之一，受到人们的普遍关心和重视。鉴别昌化石的质量，不外乎要达到四个目的：一是正确认定种属，二是确定优劣档次，三是辨别真伪，四是求得一个合理的价格。

△ **昌化大红袍鸡血石章（三方）**

长0.9厘米，宽0.8厘米，高5.38厘米　长1厘米，宽0.9厘米，高4.2厘米　长1.1厘米，宽0.8厘米，高5.7厘米

一　昌化石的品种鉴赏

品种鉴别是了解昌化石的第一步。当收藏者拿到一块待鉴定的昌化石时，第一步就是要了解这是属于哪一类、哪一品种。下面将简要地介绍内行人鉴别品种的主要方法。

鉴别品种除了要熟悉品种的基本特征外，通常从以下几个方面入手。

△ **昌化大红袍鸡血石章**
长1.5厘米，宽1.5厘米，高5.8厘米

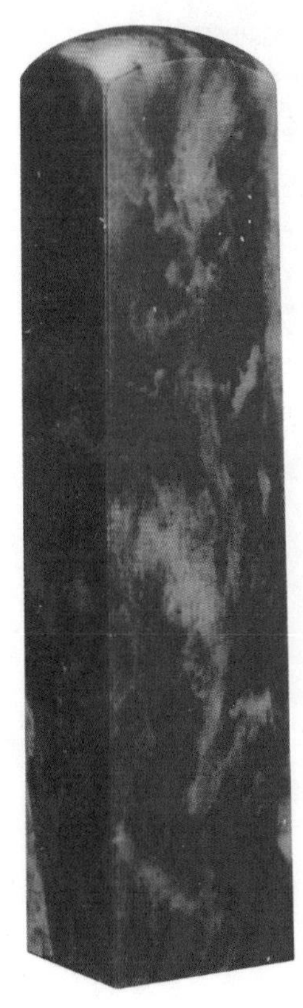

△ **昌化鸡血石章**
长2.7厘米，宽2.7厘米，高12.4厘米

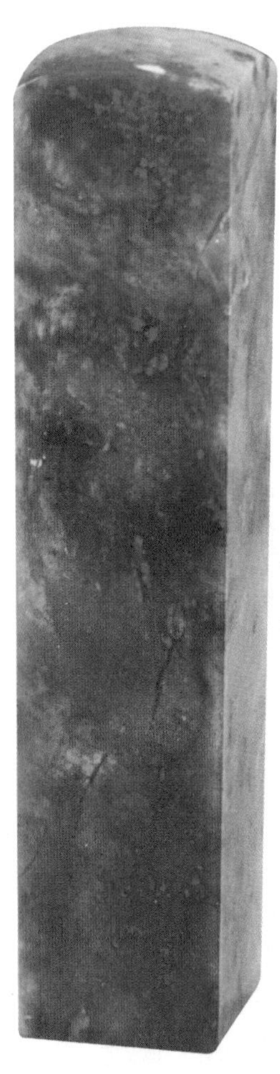

△ **昌化藕粉冻地鸡血石方章**
长2.5厘米，宽2.5厘米，高11厘米

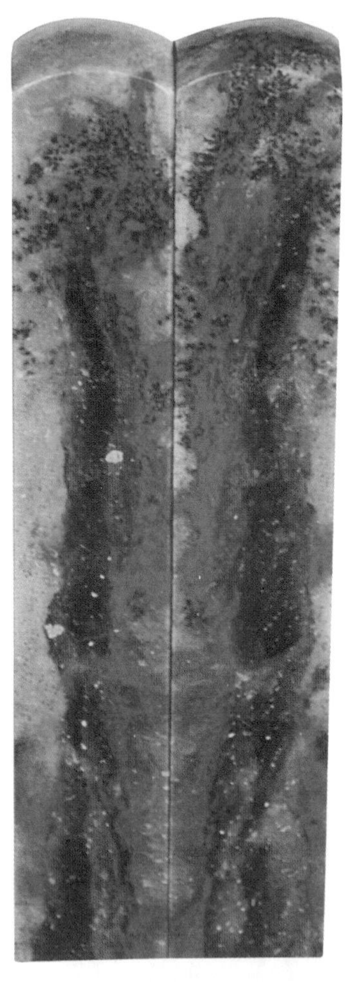

△ **昌化极品水草花对章**
长2.7厘米，宽2.7厘米，高16.5厘米

△ **瑞兽钮昌化石印章**

长5厘米，宽5厘米，高7厘米

△ **瑞兽钮昌化石印章**

长2.6厘米，宽2厘米，高6.3厘米

△ **瑞兽钮昌化石印章**

长2.3厘米，宽2.3厘米，高9厘米

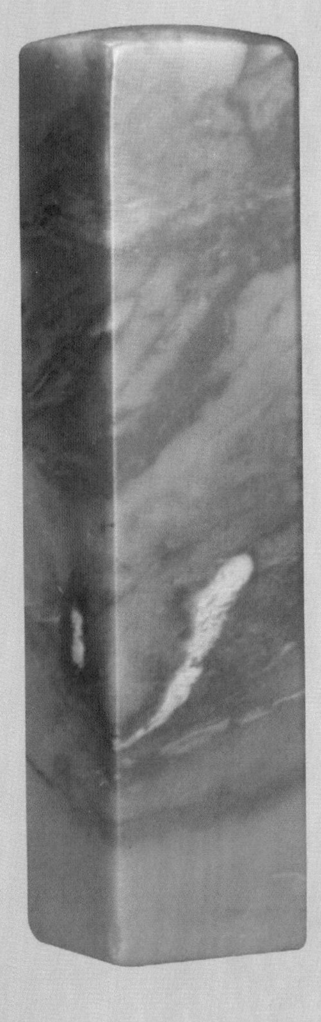

△ **昌化鸡血石对章**

长1.9厘米，宽1.9厘米，高7.9厘米

△ **昌化豆青地鸡血石章**

长2.7厘米，宽2.7厘米，高13.6厘米

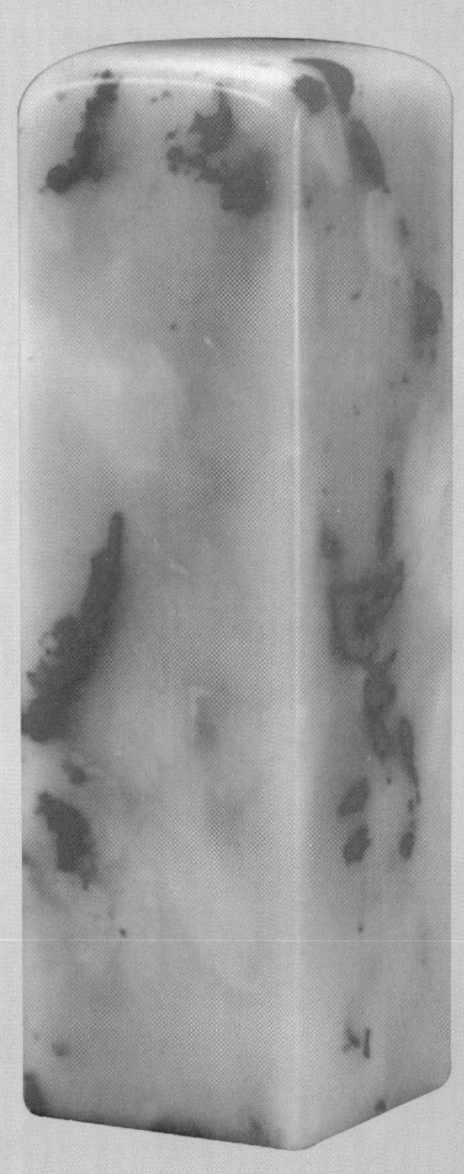

△ **昌化藕粉冻地鸡血石素方章**

长2.6厘米，宽2.6厘米，高8.2厘米

1 | 从已知识未知

“已知”就是前人已经积累起来的知识，“未知”是正在认识的领域。昌化石品类的区分，一是根据蚀变矿物的组合状况，二是根据工艺应用要求，三是根据产地人的习惯称谓，四是根据行家和研究人员的多方比较、品评。因此，要真正了解昌化石的品类，应掌握一点昌化石有关地质、工艺和鉴定方面的基础知识，熟悉区分昌化石每个类型和品种的基本常识，然后从“间接”到“直接”，凭借自己已掌握的知识，去识别、比较、认定石材的种属。在实践中，不是每个人都事先有了基本知识再去接触和认识石材，但是有了基础知识与实践的结合，就较容易把握每个品种的特征。

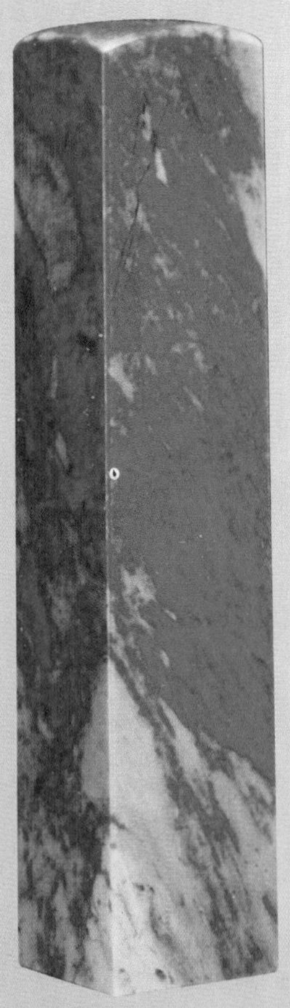
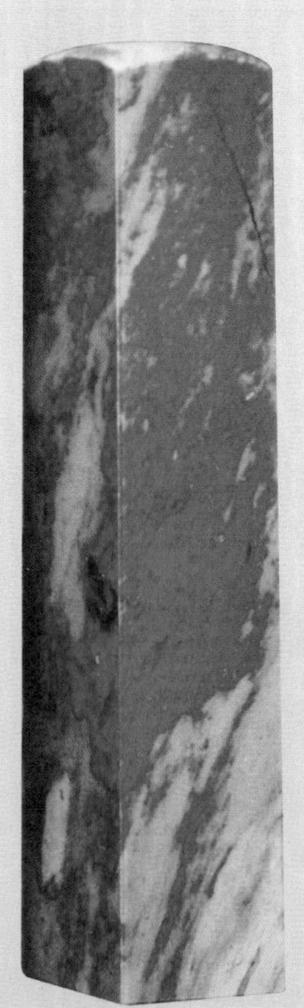

△ **昌化鸡血石对章**

长2.1厘米，宽2.1厘米，高9.7厘米

△ **昌化鸡血石对章**

长2.1厘米，宽2.1厘米，高9.1厘米

2 | 从简单到复杂

用肉眼鉴别昌化石的类属比较简单，那就是不论何种质地的昌化石，只要伴生有“鸡血”的均属鸡血石类；在没有“鸡血”的昌化石中，只要透明、半透明或微透明，硬度在2～3级的均属冻彩石类；那些不透明，硬度在3～4级的均属软彩石类。每一类昌化石的品种中，一般来说，那些单色的品种比较容易区分，像鸡血石中的羊脂冻鸡血石、牛角冻鸡血石、桃红冻鸡血石、田黄冻鸡血石、“黑旋风”鸡血石、象牙白鸡血石等，冻彩石类中的玻璃冻、羊脂冻、牛角冻、银灰冻等，软彩石类的瓦灰石、鹅蛋白等。在识辨昌化石品种时，可以先熟悉这些色彩比较单一的石材，然后去进一步研究那些色彩多样、多变的石材。在观察易辨易认石材的基础上，对那些石质较为接近、存有疑义的石材，可以抓住品种的特征细心观察其色泽、光泽、透明度等，进行相似点和不同点的比较，找出其各自的特征。一般说来，经过这样的辨认，昌化石的品类区分基本能得到解决。

△ **昌化鸡血石印方章**

长1.7厘米，宽1.7厘米，高4.6厘米

3 | 多看、多问、多实践

在一般情况下，收藏者要正确区分昌化石的品类乃至整个昌化石的鉴定，主要靠实际经验的积累。一些年老的采石人、石艺人和多年从事昌化石加工、销售的行家，不论昌化石属于何种品类，他们一拿上手就能很快辨认出来，这决非一日之功和“一孔之见”。然而，对于大多数玩石者来说，不可能将昌化石齐全地收藏起来，只能择其心爱的进行欣赏和应用，这就更需要多看、多调查、多比较，获得一个正确、合理的选择。

△ **昌化田石雕梅花薄意摆件**

长4.5厘米，宽2.3厘米，高7.5厘米

△ **昌化田石山水薄意摆件**

长6.1厘米，宽2.2厘米，高8.2厘米

二　昌化石的优劣鉴赏

昌化石的优劣鉴别是昌化石质量鉴别的重点项目，也是较为复杂、难度较大的项目。鉴定的内容包括颜色、透明度、光泽度、硬度和缺陷等方面。

1｜颜色的鉴别

颜色是评价昌化石优劣的重要标准。颜色的鉴别包括鸡血石血色的鉴别和质地颜色与花纹的鉴别。

（1）血色。评价鸡血石，首先看“血”，即从颜色的艳度、血量的多寡、血形的状态、浓度的聚散来观察。

颜色的艳度：在目前还没有能够科学地确立鸡血石色谱的情况下，人们通常粗略地将血色分为鲜红、大红、紫红、淡红几个等级。造成血色不同的原因，有辰砂颗粒的大小、密集程度及混杂在辰砂中其他矿石成分的多少。

鲜红血，俗称“胭脂红”，给人以鲜艳欲滴的美感，是“鸡血”中最为名贵的血种。血色鲜红的原因，主要是辰砂颗粒度大，分布密集，含杂质少。

大红血，属上等血种，不足之处是仅仅艳度稍逊于鲜红，是最常见的血种。此血色中辰砂的颗粒细，分布不够密集，但是所含暗色矿物质同

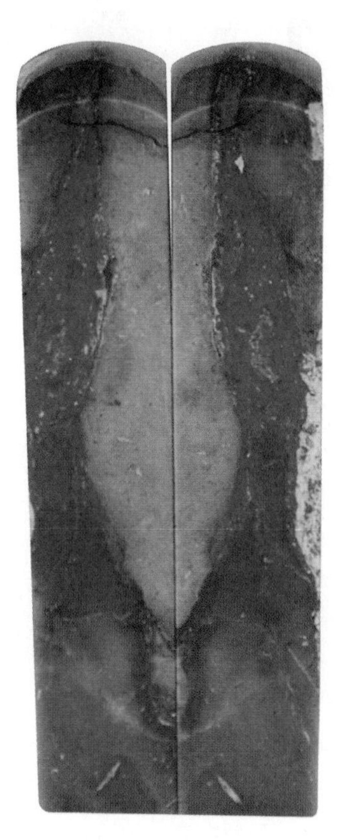

△ **昌化牛角冻鸡血石对章**

长2.7厘米，宽2.7厘米，高13.5厘米

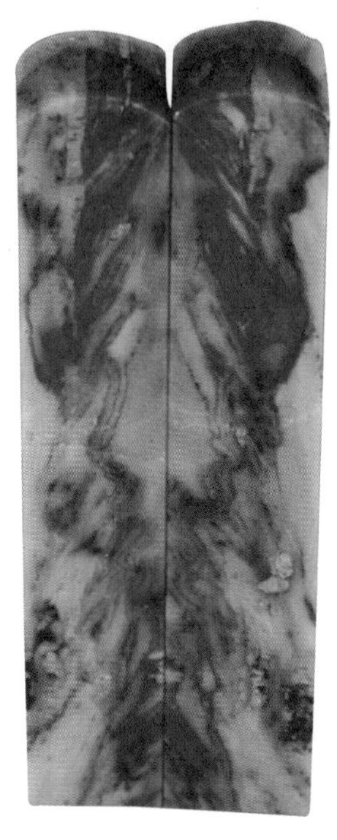

△ **昌化鸡血石对章**
长2.4厘米，宽2.4厘米，高13厘米

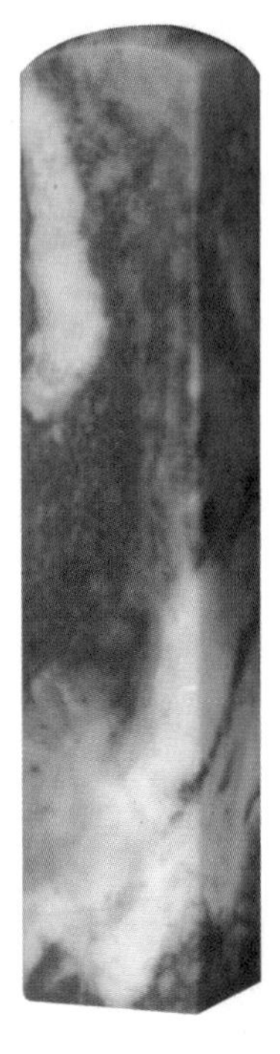

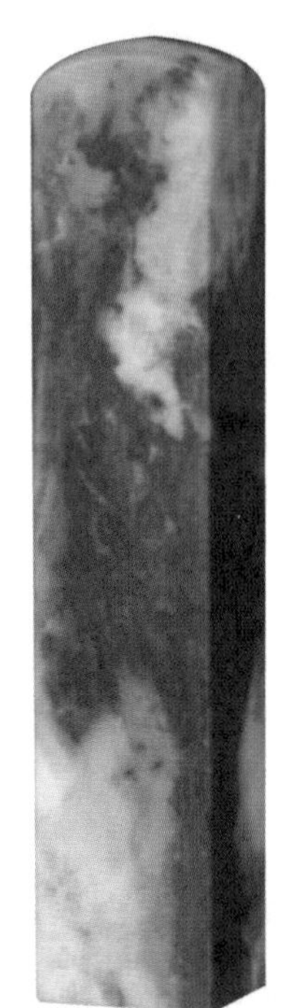

△ **昌化刘关张鸡血石对章**
长2.7厘米，宽2.7厘米，高13.7厘米

样很少。

紫红血，俗称“猪血红”，也称为“暗红”。“紫”的程度有所不同，偏鲜的紫红属中上血种，偏暗的紫红属中下血种。造成紫红的原因，主要是辰砂中杂有较多的铁、锰、钛等矿物。

淡红血，血色稀淡，属下等血种。造成淡红的主要原因是辰砂颗粒小，含量少，分布散，并含有细粒亚化铁成分。

在鉴别血色时，常常会遇到在同一块原石或成品上分布着多种级别的血色，这就要看以何种级别的血色为主，来确定档次和价值。

血量的多寡：指鸡血部分与成品石质的百分比。大于30%者即为高档品，大于50%者为珍品，大于70%者则为绝品，10%以下者则为低档品。但如血色不美，或地质不佳，其档次则要大幅下降。如果是印石，除血量多少外，又依含血面而分成六面血至一面血六种，以六面血为上品，而以四、五面血者为正品，三面血、二面血者为中品，一面血者最次。

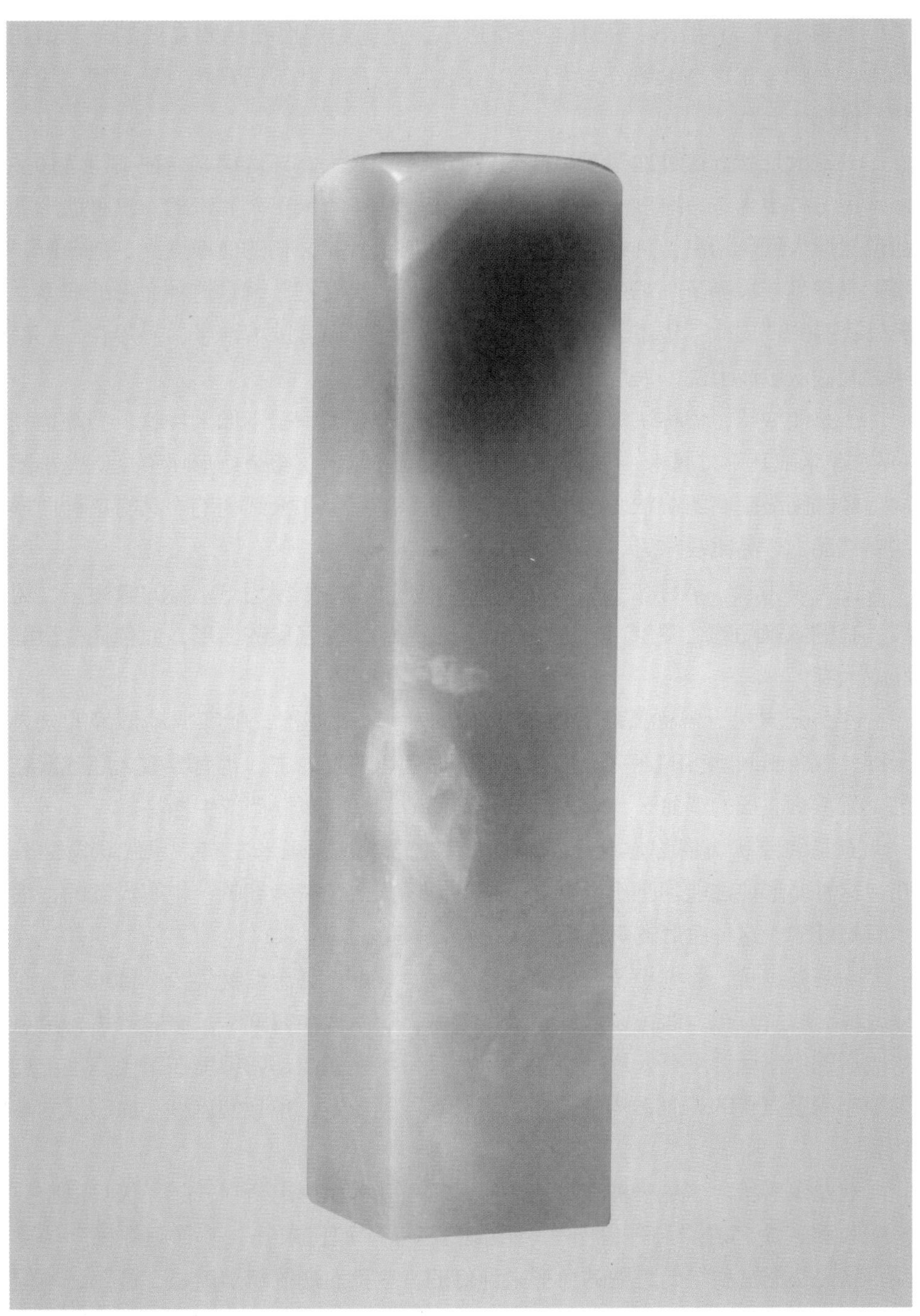

△ **昌化薄荷冻方章**

长2.4厘米，宽2.4厘米，高10.4厘米

血形的状态：血形，即血的分布形态，是衡量鸡血石品质高低的一个重要标志。血的分布形态大致分为大片状、团块状、条带状、云雾状、星点状、线纹状、像形状七种。

一是大片状。这种血形是指血的分布面积比较大，连片集中，往往可达10多厘米见方或更大些，厚度一般在几毫米左右，极少有大于几厘米的。这种血形的血色又以大红色为主，鲜红色极为少见。如果大片状分布的血厚度大，血色鲜，那就是珍品或极品了。鸡血石章中的珍贵品种“大红袍”就是这种血形的典型。另外，有的“皮血”也是大片状分布的血形，但是厚度就很薄了，一般在1～3毫米之间。从总体上说，大片状分布的血形比较少见。

二是团块状，俗称块红。这种血形的血色分布面积虽不像大片状，但能达到1平方厘米或几平方厘米，厚度能达到1厘米或几厘米，整个血形呈不规则的小团块，像国画泼墨。团块状血形中的血色往往是鲜红色和大红色的。具有这种血形的高档品、珍品比较常见。

三是条带状，俗称带红、条红。这种血形长宽之比大于3，有的像树干、树枝，有的像飘动的红绸带。这也是昌化鸡血石中较为名贵的血形，血色往往呈鲜红或大红。

四是云雾状，俗称霞红。血的分布稀散，局部连接，就像似动似静的朵朵云彩，或像山间幽谷的迷雾。这种血形的血色以淡红为主，也有少数大红或紫红的。云雾状血形的鸡血石，因为血的分布稀薄，一般属低档或中档品。

五是线纹状，俗称丝红。“鸡血”纹路宽度在2毫米左右，呈线状弯曲分布。这种血形往往能勾画出像素描一样的画图。血色有紫红的，也有大红的，很少有鲜红的。这种血形的鸡血石，大都是低价位的。

六是星点状，俗称点子红。血点像绿豆、芝麻，甚至似针尖，或稀或密，可以成群、成片分布。血色以大红、淡红为主，偶尔也会有鲜红。一般来讲，星点状血形的价值远远没有大片状、团块状、条带状高，但是如果能在单色冻地上均匀地布满星点状的鸡血，构成一幅“满天星”的图案，也会使这种鸡血石成为高档品。

七是像形状。这是一种难求的血形，它由几种血形组合在一起，极具形象。一些收藏家命名的“云开日出”“晚霞红云”“旭日东升”“雪里红梅”等珍品，就是根据其独特而美丽的血形来评价的。这种血形的特点就是“像”，不但拥有者认为“像”，其他欣赏者也认为“像”。

△ **昌化牛角地鸡血石章**

长2.9厘米，宽2.9厘米，高10.8厘米

上述七种血形，一般以大片状、条带状、团块状和像形状为上，其次是云雾状，再次是线纹状和星点状。在一块石材上如有两种以上血形自然组合在一起，就要看以哪种血形为主和是否组成美丽的画图。如以条带状、团块状为主和极具形象的血形，则为高档。以云霞状、线纹状、星点状为主的，则为中档或低档。另一方面还要看整体搭配的效果，做出适当的评价。

血形的状态在印章上，还要看分布的位置。如果集中在上部和腰部，则比较显眼，被认为是分布的最佳位置，档次就高。如果集中在底部，而顶部和腰部血量少，则会影响整体美观，档次就低得多。因此，血量的分布比例也是评价印章档次和价值的重要标准。

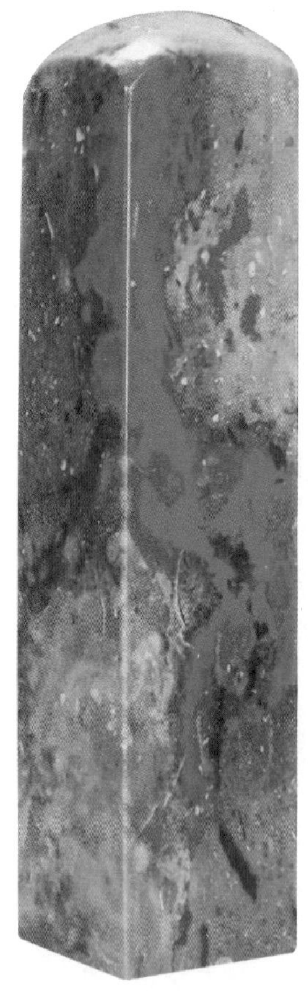

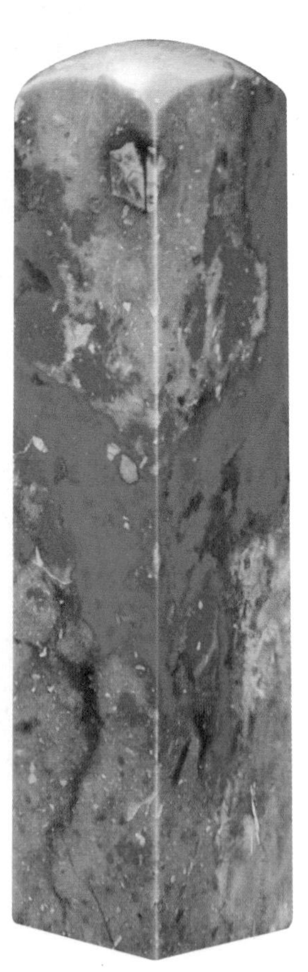

△ **昌化鸡血石对章**

长2.4厘米，宽2.4厘米，高10.5厘米

△ **昌化鸡血石章**

长1.9厘米，宽1.9厘米，高8.4厘米

△ **昌化鸡血石对章**
长2.5厘米，宽2.5厘米，高10厘米

浓度的聚散：“鸡血”的聚散程度对“鸡血”的质量有很大的影响。血的浓度可分为凝、清、稀三档。凝，血色凝聚、厚实，如漆似胶，属高档。清，血色稀薄不艳，凝聚程度不如前者，属中档。稀，血色稀散，属低档品。

在实际鉴别中，常常会见到几种浓度不一的血组合在一起，这同样要看以何种浓度的血为主来定档次。同时，有的鸡血石，血的分布面积虽然较广，但是较淡薄稀散，而有的鸡血石血量分布面积虽然很小，但是血量凝聚厚实，在评价这类鸡血石时要考虑这种状况。鸡血石中血的浓度和前面所述的血色、血形、血量有着不可分割的统一性。血量多，往往就可形成大片状、团块状的血形，血色也鲜，浓度也高。血量少，则往往形成云雾状、星点状、线纹状的血形，血色也淡，浓度就低。

（2）质地颜色。昌化石质地颜色丰富多彩，直接影响质量档次。对鸡血石来说，质地是基础，它不仅是区分鸡血石品种的依据，也是评价其质量高低的标准之一。

颜色和花纹把昌化石质地分成单色和多色两大类。单色主要有乌、白、黄、灰、棕、淡青、淡红等色，一般较纯净，少有掺杂，石质细腻。多色为两种以上颜色呈团块或条纹、点状共生，多数质地为多色。多色质地若具形象，可提高昌化石档次，特别是乌、白、红三色共存的“刘关张”，价值更高。多色相聚的质地，一般杂质较多。在杂质中，除“砂丁”以外，有些“活筋”、火山岩团块，如色泽形状与“鸡血”和质地和谐协调，并不会损坏昌化石的美观。

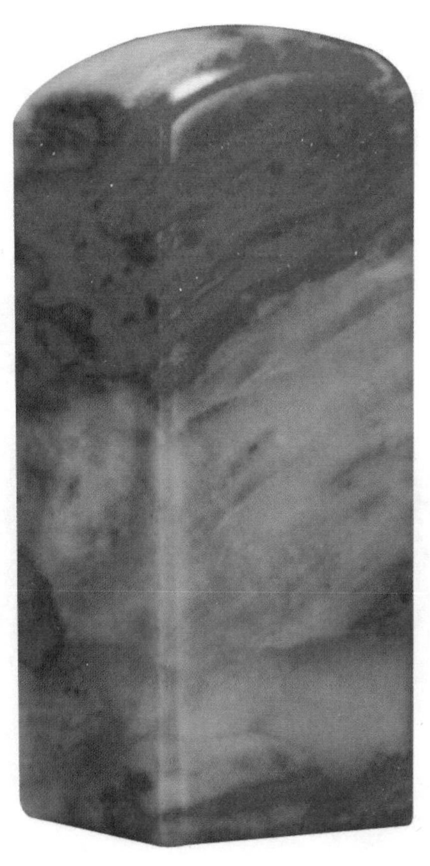

△ **昌化鸡血石章**

长2.9厘米，宽2.9厘米，高8厘米

民间流行的传统评定品质的鉴定方法：一般先定“地”，即昌化鸡血石的“围玉”，俗称“地子”。大体分成十等，这些符合谚语“荷花虽好，还得绿叶扶衬”。其一，冻地，又可分玻璃地（半透明、微粉），羊脂冻、黄冻地（带米黄色冻），牛角冻（深灰色如水牛角冻），藕粉冻地（深粉色，如熟藕粉糊）。虽说冻地可分为上述四种，而其共同的一个要求是“半透明，如玻璃”，至少要“微透明”。其二，白玉地，透明度不如冻地，但要求白净或纯净无瑕如白玉，米黄色、乳黄色也可归属此类。而此类的关键要求是“纯净无杂色掺入”。其三，藕粉地，透明度不如冻地，仍要求纯净无瑕，粉嫩滋润。其四，黄栗地，赫黄如熟栗子色，有时也有萝卜丝状条纹，色如田黄。其五，乌角地，深灰近黑如水牛角，但要求有玉的光泽。其六，红霞地，以及由细的红点、红斑组成，如朝晖如晚霞般美丽。其七，刘关张地，实际上是黑白相间的地上，加上鸡血红，也称“桃园三结义”。其八，淡灰地虽不透明，到也淡灰清雅，纯净无杂色。其九，杂色花地，有两种以上颜色混生，为上述各地所不含者。其十，灰白地，像水泥浇注后一样，缺乏活泼可爱气势，为地中最差档次。

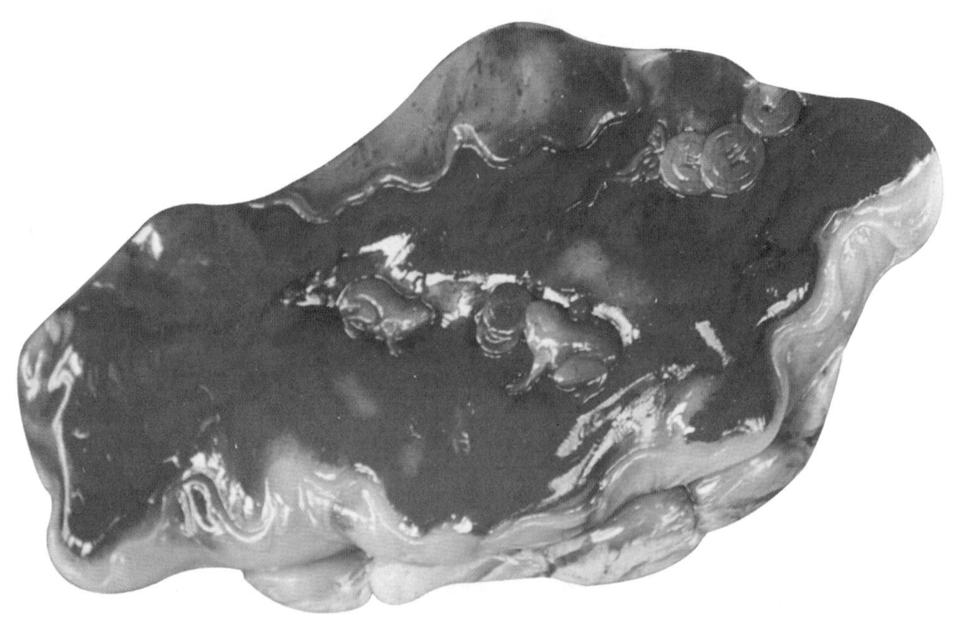

△ **昌化羊脂冻鸡血石摆件**

长11.5厘米，宽6厘米，高3厘米

2 | 透明度的鉴别

透明度又称透光量，即石质透光的程度。昌化石的透明度，可分为透明、半透明、微透明、部分微透明、不透明五级。透明度越高质量越好，透明度高的原石如有泥灰附着，不易辨认，用水清洗或在局部用水砂皮打磨后，即可清楚呈现。

3 | 光泽度的鉴别

光泽度指质地表面对光的反射程度。在通常情况下昌化石的折光率为1.562％，辰砂反射率为26.8％。在实际鉴别中一般只用肉眼观察即可，不需要用仪器测试它的折光率。蜡状光泽是昌化石的代表光泽，蜡状光泽的强弱是鉴别昌化石质地优劣的标准之一。光泽度同透明度、硬度是紧密相连的。一般来说，透明度高、硬度低的，光泽就好；反之，光泽就差。

4 | 硬度的鉴别

昌化石的硬度大致分三等：一是摩氏2～3级；二是摩氏4～5级；三是摩氏6～7级。在三级硬度中，2～3级最易受刀，软硬适中；4～5级不易受刀，雕刻比较困难，硬度偏高；6级以上不能受刀，明显过硬。

5 | 缺陷的鉴别

缺陷的鉴别，首先要看原石和成品的完整性，即缺损和断裂情况。原石的缺损主要看是否影响方章切割和影响的程度。一般来说，能保持方章完整为好。有的原石虽因缺损呈不规则状，影响方章切割，但制成自然形状的摆件和进行工艺品雕刻却有独到好处。如不能以缺损多少来定档次，就应当以其自然形状来定档次。方章的完整性鉴定是显而易见的，只是对半弧头和自然形方章，不能简单地列为缺损之列。昌化石的裂纹可分为原生与后生两类。原生裂纹内常被地开石、高岭石、黄铁矿等填充，并重新胶结，不会再裂开。这类裂纹的特点是，肉眼看好像有裂，但用小刀或指甲划之又完整无裂。此裂纹是昌化石成矿早期或同期产物，虽对昌化石花纹和形象有一定影响，但整体档次和价值还能为人们所接受。后生裂纹主要是采矿爆破所引起的，影响昌化石质量，如加工得当，可弥补其质量的某些不足，但整体质量档次要下降许多。

其次，还要看质地的杂质如何。杂质分为硬性杂质和软性杂质，这在质地颜色鉴定中已谈及。

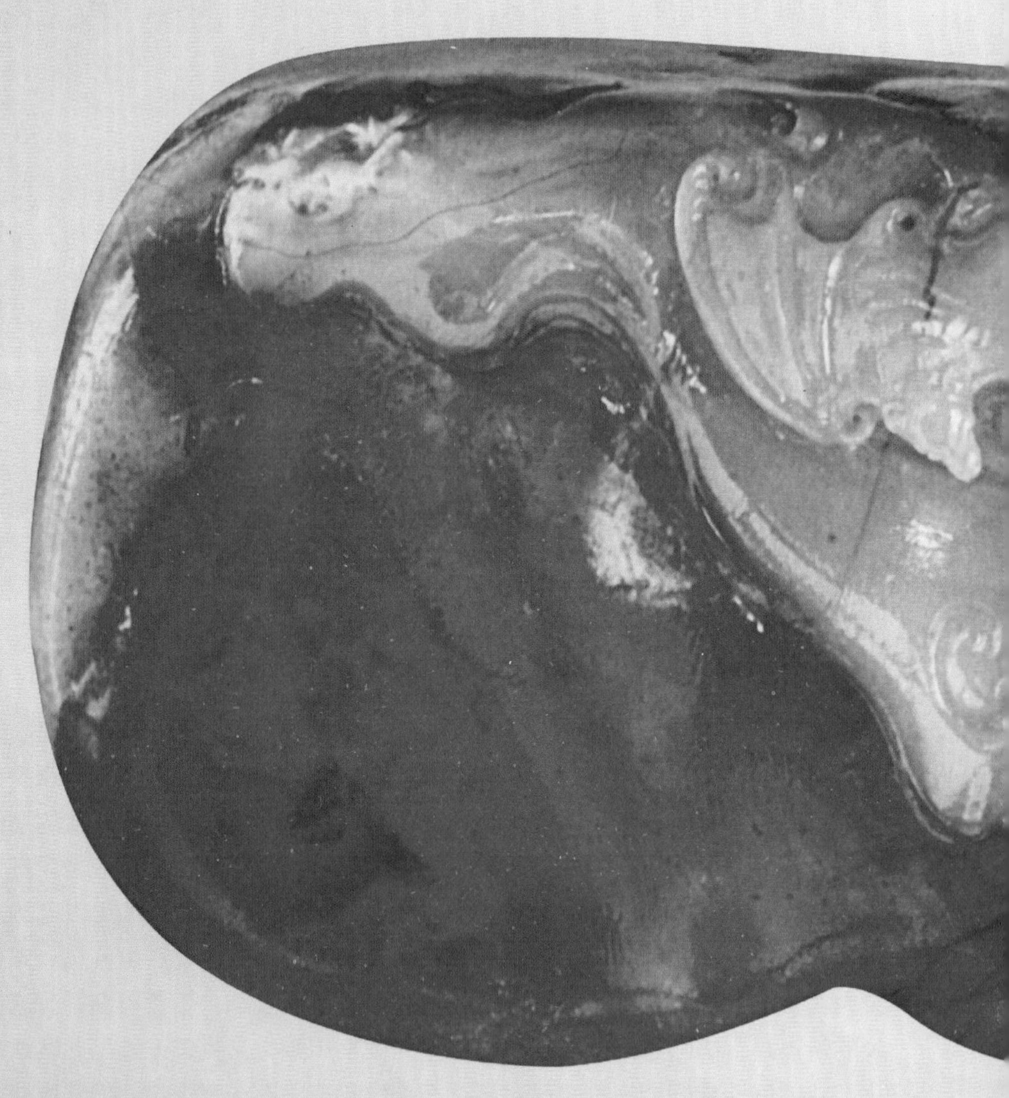

△ **昌化羊脂冻鸡血石摆件**

长10厘米，宽2.5厘米，高4.5厘米

三

拼接、镶嵌昌化鸡血石的鉴赏

拼接、镶嵌昌化鸡血石是从20世纪80年代开始出现的。这类鸡血石有以下四种。

第一种是将零星的昌化鸡血石与冻彩石、软彩石用502、504或509胶水（以下简称“胶水”）拼接起来制成印章，再在有血或无血的顶部进行印钮雕刻，这叫拼接印钮章。

第二种是在昌化鸡血石原石或成品的无血部位用胶水镶嵌鸡血石薄片，并作雕琢和抛光处理，掩蔽其镶嵌痕迹。这叫镶嵌鸡血石。

第三种是用相同质地和颜色的昌化鸡血石碎片拼贴于无血昌化石上，再雕刻成工艺品，这叫贴血雕刻品。

第四种是将血量较多、质地相同的昌化鸡血石切割、磨制成薄片，用胶水粘贴于无血的昌化石章上，巧妙地精制成六面血的鸡血石印章，这叫拼镶鸡血石印章。

以上几种拼接、镶嵌的昌化鸡血石，除第一种比较明显外，其他三种都比较隐蔽。昌化鸡血石经营者，在销售这类昌化鸡血石时，向顾客公开说明是拼接、镶嵌昌化鸡血石，并冠以“工艺鸡血石”的美称，以低于同类昌化鸡血石正品的价格销售，还能被购石者接受。对这类昌化鸡血石不能简单地划为假货。但少数经营者，却将这类昌化鸡血石冒充高档昌化鸡血石正品高价出售，牟取暴利，这就产生了一个鉴别真伪的问题。

鉴别拼接、镶嵌昌化鸡血石的要领大致有以下几点。

一是仔细观察拼接、镶嵌昌化鸡血石接合部的拼接、镶嵌痕迹，该处往往可见低洼状的胶水粘贴纹路。

二是仔细观察质地和胶水颜色是否一致，如浓色或鲜色突然消失，出现浅色或暗色，则往往是拼接的痕迹。

三是仔细观察质地花纹和血形的分布走向是否连续自然。如果不自然、不连续，往往是拼接、镶嵌的痕迹。

四是有的雕刻工艺品可在拼接的接合部用小刀划一下，如果是胶水粘接的会划出胶水皮，没有石粉。

△ **昌化藕粉冻钮形章**

长3.8厘米，宽4.3厘米，高7.5厘米

第七章　昌化石的价值

昌化石是我国著名的四大印石之一，因其主要产于浙江临安昌化县而得名。昌化石的主要矿物成分是黏土矿物地开石，主要含有丰富的高岭石等黏土矿物。还常含有未完全蚀变成地开石的硬质石英斑晶，硬度远大于地开石，工艺上称为“砂丁”，其为雕刻之大忌。因此，直接影响昌化石质量的因素是要看“砂丁”的多少。

△ **昌化鸡血石对章**

长2.3厘米，宽2.3厘米，高11.5厘米

△ **昌化鸡血石章**
长1.9厘米，宽1.9厘米，高7.6厘米

△ **昌化鸡血石方章**
长2.8厘米，宽2.8厘米，高7.7厘米

昌化石的石质相对多气孔、多砂，比寿山石和青田石稍微坚硬些，而且硬度变化较大。质地也不如寿山石和青田石细腻。不过，也有质地细嫩者及各种颜色的冻石。昌化石的颜色主要有白色、黑色、红色、黄色和灰色等，品种有很多种，多以颜色进行划分。如白色者称为“白昌化”，黑色或灰色杂黑色者称为“黑昌化”，多色相间者则称为“花昌化”。在昌化石中，自古至今，国内海外，最负盛名的便是“印石三宝”之一的“昌化鸡血石”了。

一 昌化石的价值

以“鲜红如鸡血，晶莹如美玉”而驰名中外的昌化鸡血石，是我国四大国石之一，其技艺独特，被誉为“印石皇后”“国宝”，从元末开采雕刻以来，至明清盛行于世，至今已有600多年的历史，其主要价值如下。

△ **昌化鸡血石章**

长3.4厘米，宽3.4厘米，高16.3厘米

1 | 人文价值

元代诗人、画家王冕开创了用昌化鸡血石雕刻印章的先河。明代篆刻家文彭雕刻的一枚鸡血石冻覆斗方钮方章，印文“玉树临风”，是较早的昌化鸡血石文人印章。清康熙宝玺“惟几惟康”，清乾隆宝玺“乾隆宸翰”“惟精惟一”现藏于北京故宫博物院。清代雕刻大师可斋，五面整体浮雕“赤壁图”现收藏于台北“故宫博物院”。艺术大师齐白石曾篆刻两方鸡血石印章赠给党中央，现藏于中国档案馆。文化名流郭沫若、吴昌硕、徐悲鸿、钱君匋、潘天寿、叶浅予、沙孟海等，都与昌化鸡血石结下了不解之缘。1972年中日邦交正常化，中方代表选用鸡血石方章一对赠送日方代表。1986年，时任美国总统里根访华，我国领导人选用鸡血石相送，印面上用中文刻“罗纳德里根”，昌化鸡血石雕传到美国，引起欧美国家的注目。足见昌化鸡血石具有极高的人文价值。

△ **昌化鸡血石章（两方）**
长1.9厘米，宽1.9厘米，高11厘米
长1.9厘米，宽1.9厘米，高11.2厘米

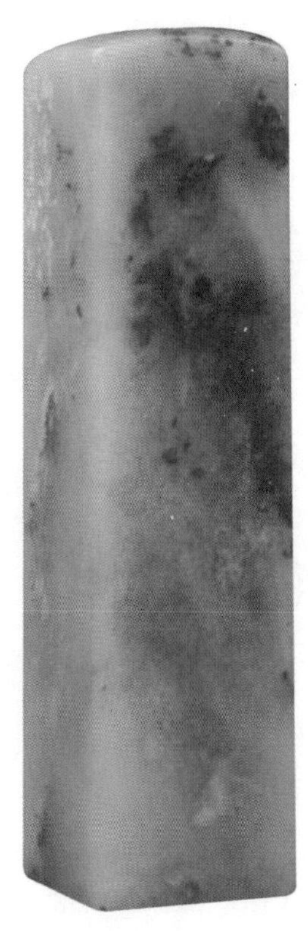

△ **昌化鸡血石印章**
长2.4厘米，宽2.4厘米，高9厘米

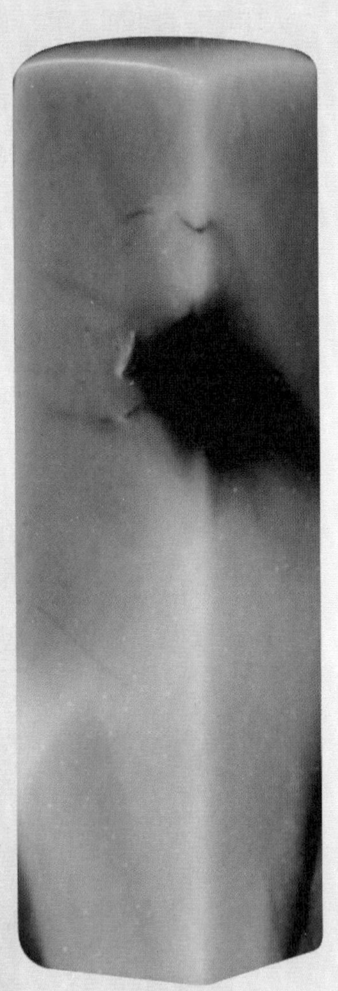

△ **昌化冻石方章（五方）**

长3.3厘米，宽3.3厘米，高4.2厘米　长1.8厘米，宽1.8厘米，高7.3厘米　长1.9厘米，宽1.9厘米，高6.8厘米
长1.5厘米，宽1.5厘米，高5.5厘米　长1.3厘米，宽1.3厘米，高5.8厘米

2 | 美学价值

昌化鸡血石是自然界200多种宝玉矿中色彩最丰富、最富于变化的宝石，“因色取巧、按材施艺”，是昌化鸡血石雕最具特色的风格之一。昌化石雕充分利用其血色、质地，烘托主题，所雕人物栩栩如生，呼之欲出。无论是“钱王功绩图”，还是“佛光普照”都充分体现了这一技艺特色。“润、细、腻、温、结、凝”，是昌化鸡血石之六德。色、质、形、景、纹、图、意，卓然杰出，其质地细腻、温润、通灵、色泽之丰富和娇艳，是其他石材难以望其项背的，尤其以其雕刻造型意象，更是千变万化，恰似一幅幅立体画。昌化鸡血石雕刻技法独特，通常有巧雕、镂雕、浮雕、薄意雕、镶嵌等技法，因石配工，突出鸡血，烘托主题。由于鸡血石珍贵无比，艺人决不会滥施凿刀，更不会画蛇添足，雕刻是为烘托主题，往往是妙施技艺，材艺天成，浑然天成。

△ **昌化黄冻石章两方**

长3.6厘米，宽1.2厘米，高7.8厘米　长1.2厘米，宽1.3厘米，高6.7厘米

△ **黄连萍刻昌化石对章**

长4厘米，宽4厘米，高15厘米

3 经济价值

据金石家评价，昌化鸡血石与福建寿山的田黄石和芙蓉石同称“治印三宝”。昌化鸡血石雕，具有较高的历史、文化、艺术、科学和经济价值。鸡血石雕精品价值超过黄金几十倍，田黄以两计，价值三倍于黄金，而鸡血石羊脂地、全面通红者更是价逾田黄。鸡血石具备收藏、欣赏、保值等要素，已成为临安市重要的工艺美术项目和支柱产业，并出口东南亚、欧美等国，享誉海内外。

△ **昌化鸡血石对章**

长2.1厘米，宽2.1厘米，高13.6厘米　长2.2厘米，宽2.2厘米，高13.6厘米

二 昌化鸡血石的价值

石文化是东方传统文化的重要支脉，也是现代世界文明的一部分，赏石是石文化的重要组成部分。昌化石的美，博大精深，丰富多彩。它既是看得见、摸得着的物质实体，又是蕴含着丰富哲理、给人以无限遐思的艺术品，达到了形神兼备的艺术境界。

△ **昌化鸡血石章**

长2厘米，宽2厘米，高7.5厘米

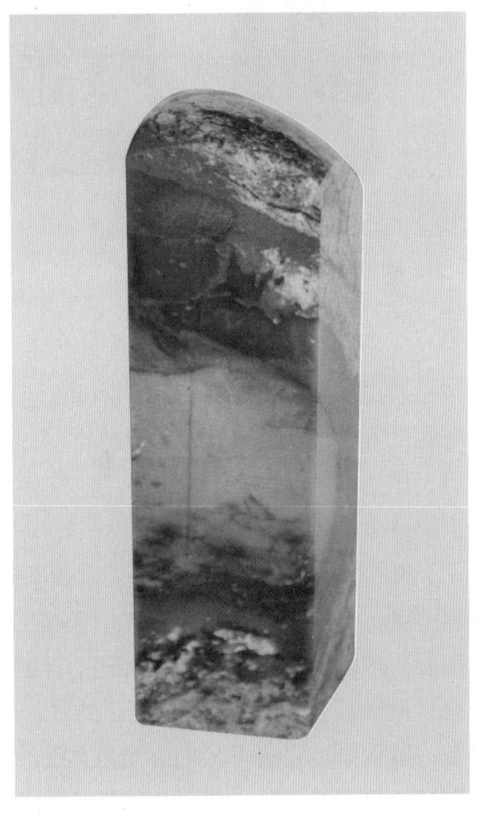

△ **昌化牛角冻鸡血石单章**

长5.5厘米，宽5.5厘米，高17.5厘米

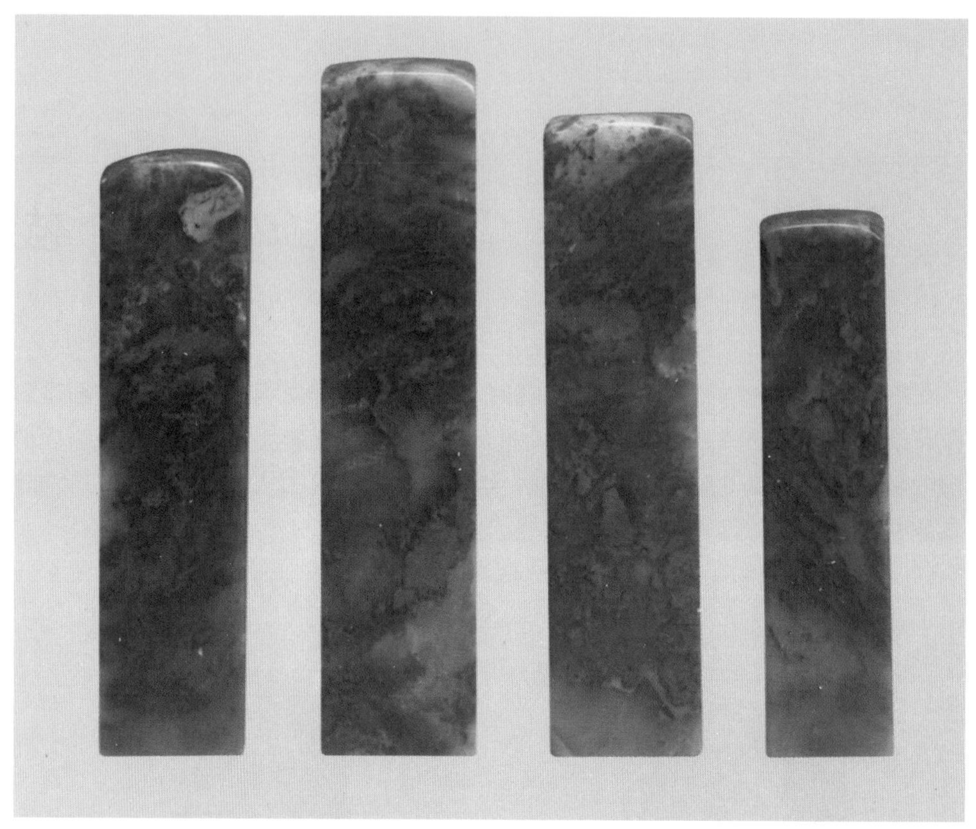

△ **昌化鸡血石方章（四件）**
尺寸不一

有的收藏家称昌化石的不同姿色，就像不同背景的女性，有的雍容华贵、妩媚动人，有的清纯可爱、甜美怡人，展现出不同的动人姿态，使人看了清神亮目，怡情益智。古人曾称田黄是“石帝”，鸡血石为“石后”。可见昌化石具有很高的欣赏价值和收藏价值。

邓散木《篆刻学》载：“昌化石有水坑旱坑之别，水坑质理细腻，旱坑枯燥坚顽，且多砂钉，钉坚逾铁，不能受刃，故以水坑为贵。其品之高下，则在地在血，地以羊脂冻为上，白如玉，半透明；乌冻次之，深灰色半透明；黄冻又次之，褐黄色，微透明；灰冻又次之，作淡灰色，微透明或不透明，俗也称牛角冻；蓝地绿地为最下。血以全红为上，四面红次之，对面红又次之，单面红、顶脚红、局部红为下。其羊脂地而六面红、四面红者，价逾田黄。”昌化鸡血石驰名中外，尤在日本、东南亚享有盛誉。

昌化石有很高的经济价值和文化价值。其之所以价值连城以至成为“国宝”，就是因为它有丰富的文化内涵和诱人的艺术魅力。

鸡血石的价值判断。

鉴赏昌化鸡血石主要看鸡血石的石质是否洁净、细润，鸡血石品质高低，等等。地子，即质地，有冻石、普通石、炼石（灰白软石或硬石）数类，以冻石为最佳。其色有白、粉、黄、灰、绿、黑等。

鸡血石品质高下，须按印石底色及聚红而分，一般以血多、色鲜、形美的为最佳。鸡血石的血色有鲜红、正红、深红、紫红等，形有片红、条红、斑红、霞红等。以印石通体有红为上品，四面有红的次之，两面有红的又次之。红色分散，呈点块状，颜色发紫或发浅的为次品。单面红、顶脚红、局部红为下品。血质浮薄飘散的则往往是易退色的下品。鸡血石以红色集中、面积大、鲜艳纯净的为上品，但也并非红色部分越多越显得有价值，还要看底色。底色以洁白如玉、半透明的羊脂冻为最佳，深灰色半透明的乌冻次之，褐黄色微透明的黄冻又次之，淡灰色微透明或不透明的灰冻（俗称牛角冻）更次之，蓝色、绿色等杂色不透明的为最下品。其中羊脂玉底而全面鲜红的，其印石中的红色充血部分在白底的烘托下显得鲜艳欲滴，是石中珍品。

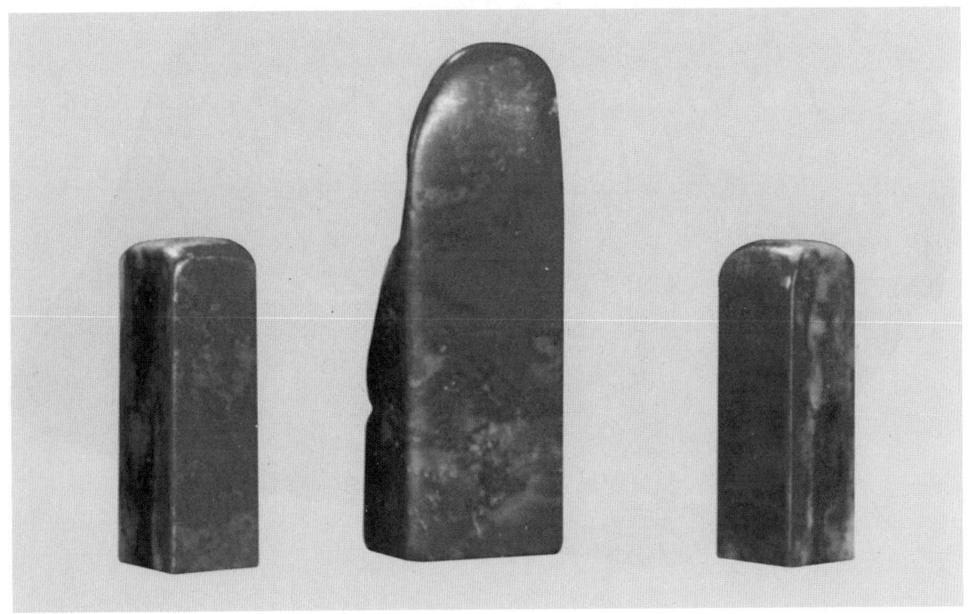

△ **昌化鸡血石章（三方）**

长1.8厘米，宽1.1厘米，高5.3厘米　长1.1厘米，宽1厘米，高3.3厘米（左图和右图）

三 昌化鸡血石的评价

从总体上来看，工艺美术上要求鸡血石的“鸡血”多（即辰砂含量多），颜色鲜艳，半透明至透明，质地致密、细腻、坚韧、光洁，没有裂纹、杂质及其他缺陷。但在评价时对其基本方面应有更为具体的要求。

△ **昌化羊脂冻白田黄鸡血石原石**

长18厘米，宽17厘米，高7厘米

△ **昌化藕粉地鸡血石雕钮方章**

长3.1厘米，宽3.1厘米，高8.5厘米

1 | 血质

血质指“鸡血”的质量，它是鸡血石评价过程中应注意的首要因素，无疑也是决定经济价值高低的主要依据。工艺美术上要求其血质优良，一般从颜色、浓度、血量、血形等四个方面进行评定。

（1）颜色。一般分为鲜红、大红、暗红三级，其中以鲜红为贵，大红次之，暗红再次之。

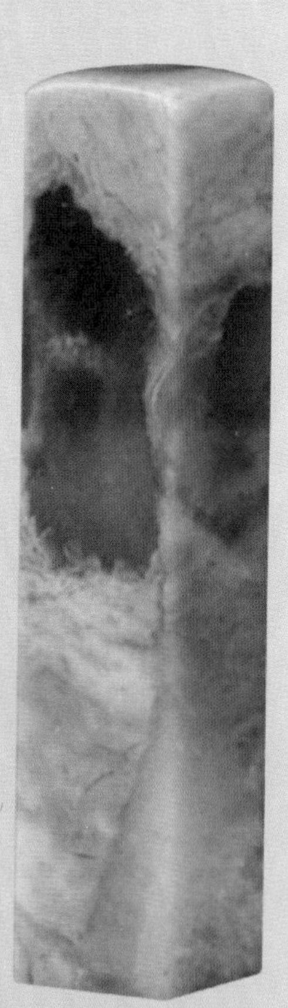

△ **昌化石对章（三对）**

长1.6厘米，宽1.6厘米，高7.1厘米　长1.8厘米，宽1.8厘米，高8厘米　长2.3厘米，宽2.3厘米，高88厘米

（2）浓度。指鸡血的聚散程度，一般可分为浓、清、散三级，其中以浓血为上。上述鲜红、大红、暗红均可分别进行这种划分，如鲜红就可以分为浓鲜红、清鲜红、散鲜红，等等。浓鲜红血的聚集浓度大，在冻地的衬托下具有涌动似的立体感，俗称“活血”，为最高档次的血质。

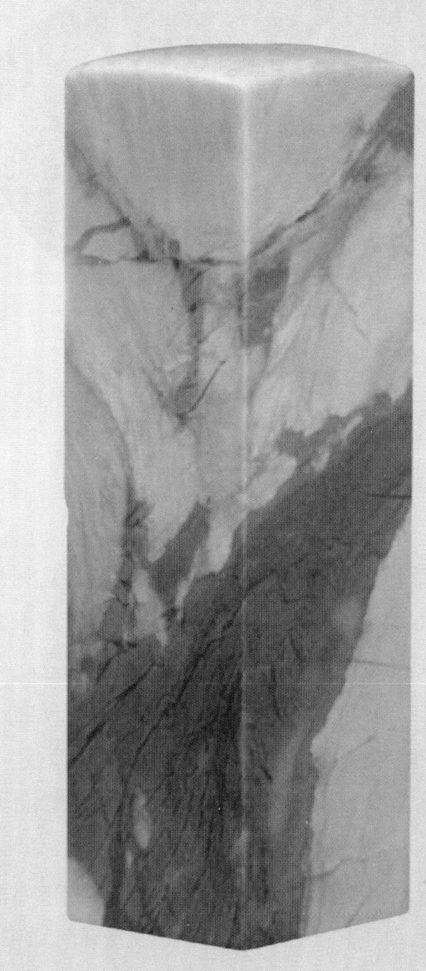

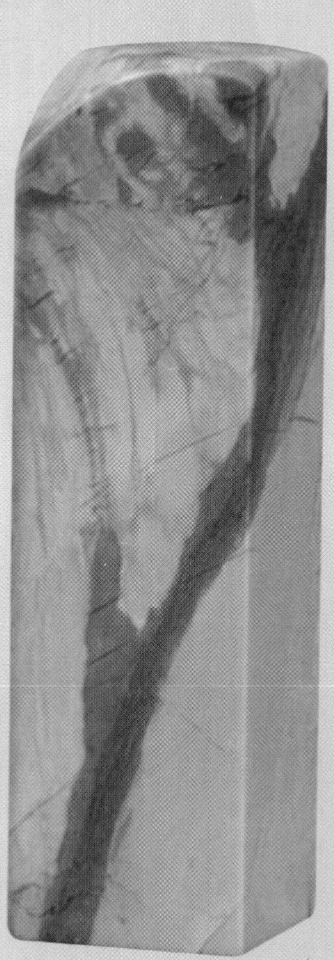

△ **昌化鸡石血螳螂捕蝉钮章**
长7厘米，宽3.3厘米，高5厘米

（3）血量。指鸡血在原石或成品中的百分比含量，可用目估法或测量法进行确定。凡属优质鸡血石，其鲜红级血含量大于30%的为高档品，大于50%的为精品，大于70%的为珍品。但对于鸡血方章，其血量的概念除百分比含量外，还指含血面的多少。一般以六面含血为上，也即“全红”（整个鸡血石印章的六个面完全为红色）为贵，四面含血（四面红）、五面含血（五面红）为正，三面含血（三面红）、二面含血（二面红）次之，单面含血（单面红）为下。

（4）血形。指鸡血在鸡血石中所呈现出的形态，或人眼所见到的鸡血外形，一般可分为团块状、条带状、云雾状、星点状等，以前两者为最佳。在一块鸡血石上，如果不同形态的“鸡血”进行有规律的自然组合，形成千姿百态的美丽图案，如“蛟龙出水”“三潭印月”“二龙戏珠”“霞光万道”“烈焰四散”“北雁南翔”“洛阳牡丹”“雪梅吐艳”等，则将使鸡血石更加绚丽夺目，引人入胜，售价则会倍增。

2 | 地子

地子又称“底子”或“基底”，指鸡血石上除“鸡血”以外的其他石料部分。凡是优质鸡血石均需在适宜的地子的衬托下，方可显现出其鸡血之美。因此，地子是鸡血石评价过程中应注意的重要因素，也是确定其档次和经济价值高低的主要依据之一，通常有冻地、软地、刚地、硬地的分别。工艺美术上要求鸡血石的地子致密、细腻、坚韧、温润、光洁，一般从颜色、光泽、透明度、硬度等方面进行评定。

（1）颜色。按颜色的差异可划分为单色地、杂色地两类，而以单色地为最佳。单色地的颜色以白、黑、黄、灰等四色为多，而呈淡绿、淡红色的较少。通常单色地的色调比较单一、纯净，少有掺进杂色的。杂色地聚有多种颜色，其中除红、黑、白三色相聚的“刘关张”较名贵外，其余的均次之。

（2）光泽。不同类型的地子对光的反射程度并不相同，从而表现出不同的光泽。一般以蜡状光泽为最好，如冻地的蜡状光泽就很强，其他地子的蜡状光泽强弱各不相同。

△ **昌化鸡血石瑞兽钮章（两方）**

长3.7厘米，宽2.6厘米，高5.7厘米　长3.9厘米，宽3.9厘米，高5.5厘米

△ **昌化鸡血石章（六方）**

长1.8厘米，宽1.8厘米，高7.2厘米　长1.7厘米，宽1.6厘米，高7.1厘米　长2厘米，宽1.9厘米，高6.8厘米
长1.9厘米，宽1.9厘米，高8厘米　长1.9厘米，宽1.9厘米，高7.1厘米　长1.7厘米，宽1.7厘米，高6.6厘米

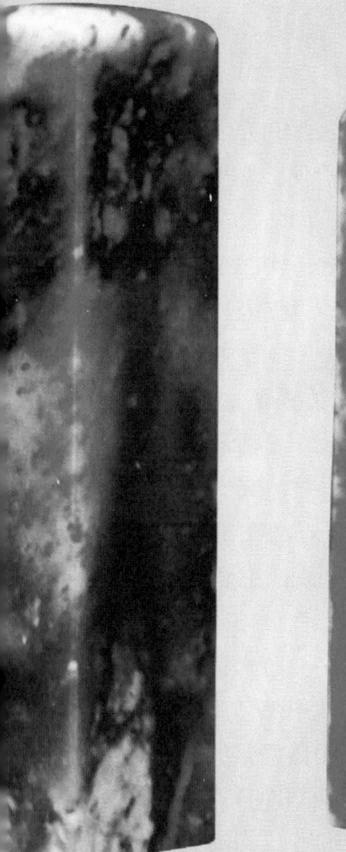

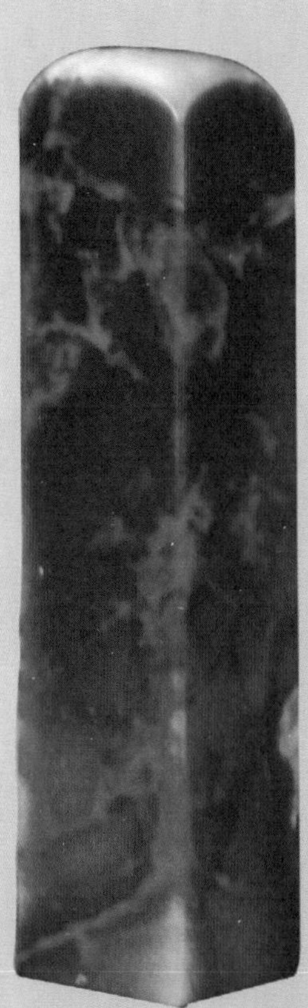

（3）透明度。地子有透明、半透明、不透明（微透明）的区分。凡是透明度愈高的地子，其质量就愈好。按冻地、软地、刚地、硬地的顺序排列，其透明度依次减弱，即从透明或半透明至不透明。

（4）硬度。优质鸡血石的地子硬度为2～3级，4～6级的次之，大于6级的更次之。按冻地、软地、刚地、硬地的顺序排列，其硬度依次增高。

3 | 缺陷

有句行话叫“无瑕不成玉”。天然的东西不可能有百分之百的完美，就算是天下第一美女，也会有缺陷。但缺陷的多少会影响鸡血石的价值，需要认真对待。鸡血石的缺陷主要指鸡血石原石和成品中的裂纹、缺损和杂质。

（1）杂质。指赋存于鸡血石中的各种杂物，有硬性杂质、软性杂质的分别。硬性杂质主要包括：①石钉，指石英颗粒，无色透明，硬度7级，粒径约1毫米，常成豆状赋存于软地鸡血石中，为石雕工艺中最忌讳的杂质。②黄铁矿，呈浅黄铜色，硬度6～6.5级，粒径约1～2毫米，以云雾状浸染或分散于鸡血和地子中，或沿其微裂隙分布，其存在不利或有损于鸡血石的美观。

△ **昌化六面血鸡血石方章**

长2.8厘米，宽2.8厘米，高6.5厘米

软性杂质主要包括：①角砾，主要是“构造角砾”，由岩石或矿物经构造作用破碎而成，呈角砾状或不规则状，砾径0.3～2厘米，硬度大小不同。颜色以白色为多，与地子颜色不一，且常被鸡血包裹，也为石雕工艺中最忌讳的杂质之一。②活筋，指陈石细脉，为晚期地开石化的产物。其脉宽0.5～1毫米，沿微细羽状裂隙分布，并切割鸡血和地子，有损于鸡血石的美观。

（2）裂纹。指赋存于鸡血石中已裂开的纹路，有同生裂纹、后生裂纹两种。同生裂纹为鸡血石形成过程中的产物，常被地开石、黄铁矿、氧化铁等物质充填，其存在往往有损于鸡血石的美观。后生裂纹由采矿爆破、产品加工或受其他外力作用所造成，其存在常常严重损害鸡血石的质量，并会大大降低其艺术和经济价值。

在观察、研究和评价鸡血石的质量时，一般应采用自然光（日光），对血质的评定尤需如此。地子的评价，最好是采用自然光，也可以用灯光（如日光灯等光源）。对其杂质和裂纹的观察研究，如果已经加工和抛光，一般很难发现。这时也应借助于光照，并使用放大镜、显微镜及其他工具设备（如硬度计、小刀等），以查明其裂纹的宽窄、长短、数量及分布情况，杂质的物质成分、结构、颜色、硬度、赋存状况，等等，进而为鸡血石的质量评价提供科学依据。在此基础上，即可根据各个鸡血石的具体工艺美术特征、缺陷等依据，对其质量的高低作出正确的或适当的评价。

昌化石有红、黄、褐等色，但以灰白色居多，其中质地半透明如熟藕粉的，称“昌化冻”；有鲜红斑块如同鸡血凝结的，称“鸡血石”。昌化鸡血石为印材中的霸主之一，价值颇高。

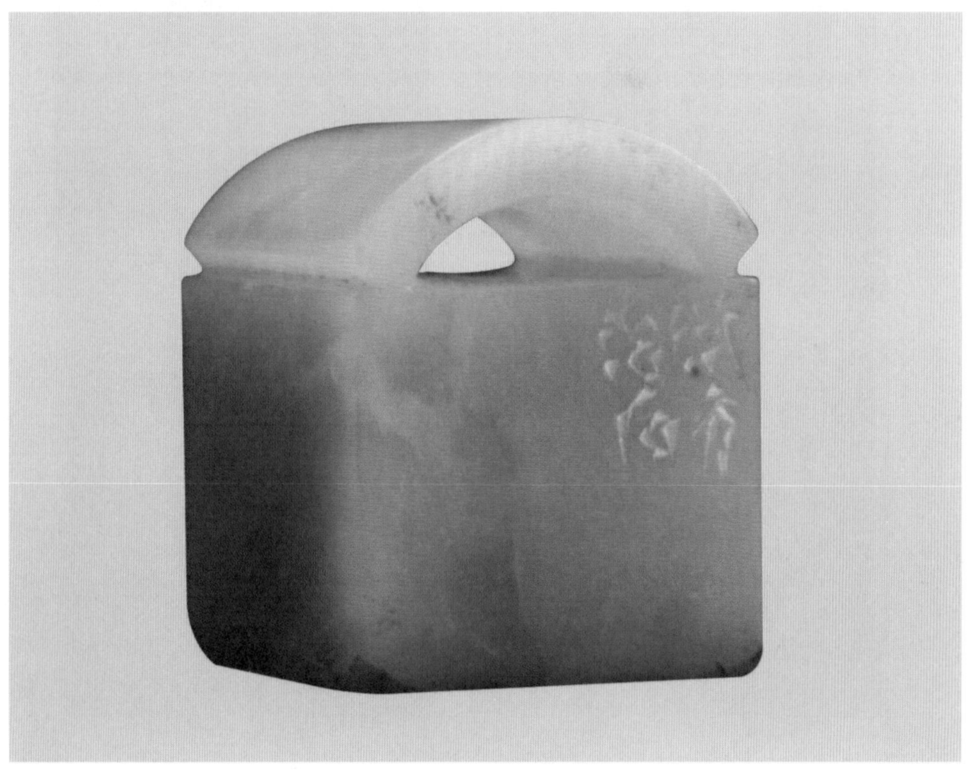

△ **瓦钮昌化石印章**

长2.4厘米，宽2.4厘米，高2.8厘米

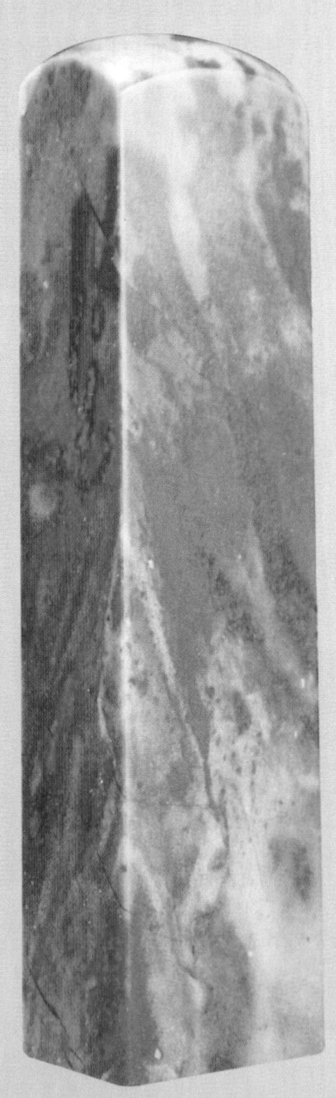

△ **昌化鸡血石章**
长2.7厘米，宽2.7厘米，高11.8厘米

△ **昌化鸡血石章**
长2厘米，宽1.9厘米，高7.2厘米

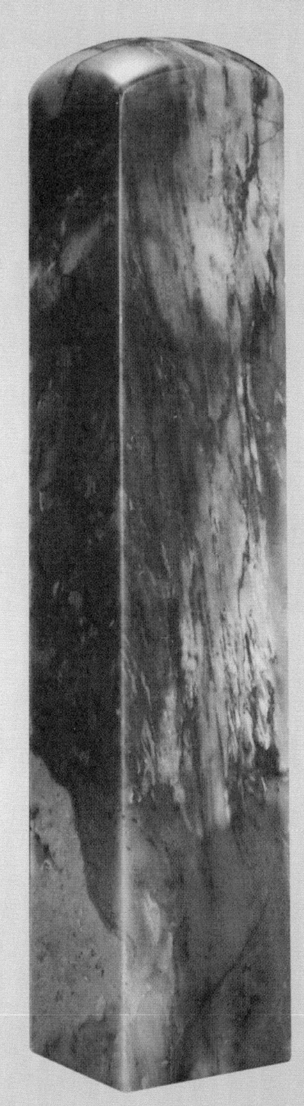

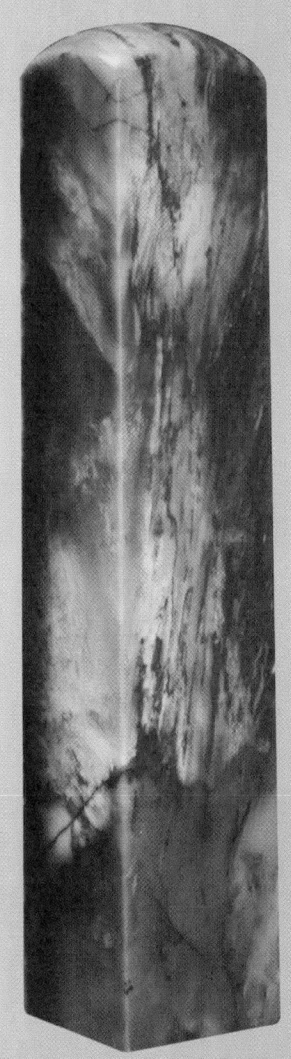

△ **昌化鸡血石（对章）**

长3.8厘米，宽3.8厘米，高19.8厘米

第八章 昌化石鉴赏

△ **瑞兽钮昌化石印章**

长2.7厘米，宽2.7厘米，高11.4厘米

一 昌化鸡血石的选购

昌化鸡血石除了切磨成各种规格的印章供珍藏外，还根据石材的色相、形状、色调布局，取势造型，因材施艺，巧取天然，通过圆雕、镂雕、浮雕等技法，创作出既保持石材的自身色彩，又与造型与内容相吻合的艺术品。艺术的内涵和意境，雕工的精美与超脱，是一件雕刻品成功与否的关键。鸡血石雕刻技法虽与竹、木、牙、玉的雕刻方法类似，但是又有它的独特之处，要受这种名贵石材的特殊性与局限性的制约。所以必须在继承这门古老艺术的基础上创造性地发挥鸡血石雕刻工艺的特点。

1 | 鸡血石的工艺特色

（1）形神兼备，使自然美与人工美和谐结合。在雕刻鸡血石这一珍贵石材时，如果片面地追求工艺，过分地精雕细琢，必将使其失去自然美，然而只求自然的完美而不加精雕细琢，则不能称为艺术品。比如一块上小下宽的黄冻地鸡血石，巧用伴生其间的黄冻地和旋转的血路，使题材与血色统一起来，采取圆雕、浮雕等技法，雕刻成袒胸露腹的弥勒佛，就达到了自然与工艺的完美统一。

（2）依色取巧，因石配工。在遇到质地纯净、血色分布呈团块状石材时，要用“单一雕”和“同时雕”的方法衬托血色。所谓“单一雕”，就是底色不用雕刻，而将血色按形雕成“红梅图”“五蝠捧寿”等图案。“同时雕”就是将底色与血色同时雕刻，如将红、白、黑的鸡血石雕刻成三国人物。

（3）利用鸡血作底色衬托雕刻主题。鸡血分布呈脉状，将整块夹生其间的鸡血石料锯成方章，侧面呈线条状，正面就呈片状，这种原材料制成的雕刻品最为奇特。在制作之前要先观察鸡血石的血脉走向、分布和深度，在制作过程中，保存大片鸡血部分，将鸡血作为背景，雕刻各种景物。这样雕刻出来的亭台楼阁、花鸟鱼虫、历史人物等形象在鲜红血色的衬托下会更加精美。

（4）打破常规，突破束缚。鸡血石艺术雕刻要打破血色在“被衬托”与“作衬托”上的限制，追求艺术的现代美。写真则逼真自然，写意则奇怪生焉。

例如一块血色走向、质地及层次都不太清楚的鸡血石材，其顶部带血弯曲自上而下，还兼有条带状的白冻地，此时就不必考虑非要用绿色做叶子的传统做法，而是将其作为倾注而下的冰凌，并在中间或下部进行山水造型。这件虚实相生、古拙质朴的作品不会因景物失去真实色彩而遭异议，反而别具一种韵味。运用这一方法制作的作品有一种不是景物胜似景物的感受，从而达到形神飞逸的艺术效果，产生更高的艺术价值。

△ **瑞兽钮昌化石印章**

长2.9厘米，宽2.9厘米，高6.7厘米

△ **昌化藕粉地鸡血石雕钮方章**

长3.1厘米，宽3.1厘米，高8.5厘米

2 | 选购昌化鸡血石的要诀

（1）选购鸡血石要求血色要活，红色处于其他颜色当中，结合的界限要像渐融一般密不可分。

（2）红色要艳、要正，浅色不行，发暗、发褐也不行。

（3）血色成片状，不能成散点状或线状、条状，最主要的是要求鸡血石地子温润，没有杂质，色纯净而柔和。

（4）最好是藕粉地或牛角冻。所以选择印石要从血色分布的多少及其图案入手。血色深入石料、厚实的可锯为印章，可保证章体表面较大面积能带有血色；血色图案优美的可锯为对章，使其图案呈现对称或相互承接的美感。

鸡血石印章制作过程分为开料、磨料、打光三个工序。开料要根据血量分布的状况小心谨慎地下刀；磨料即将章坯铲平磨方正；打光即先用砂纸由粗至细逐步磨光，然后上蜡。

昌化鸡血石有老坑、新坑的分别，凡是颜色鲜艳，质地透明、半透明的石料多为老坑所产。新坑大多色彩不够鲜艳，质地也透明，美感次之。

眼下大量人工合成的昌化鸡血石充斥收藏市场，收藏者粗看相似，但如果用科学仪器检测即可立辨真伪。

昌化鸡血石天然形成的比较自然，人工合成的则颜色漂浮，血路上下左右难以吻合。在昌化和青田，有许多石雕艺人靠造假鸡血石印章发了横财。他们伪造的“大红袍”鸡血石印章，屡屡在广交会上卖出天价，造假技术之高超，就连金石学专家也不能轻易识破，有较大危害性和欺骗性。

鸡血石的上品要数“全红鸡血”，它质地细腻微松，色月白的像素玉，微冻，通体密布血斑点，白底红心，十分鲜艳夺目。由于血斑绵密，仅微露白底，誉称“全红鸡血”。通体血斑，对日而视可见闪光，极为美丽。其次为“六面红鸡血”，此印石底白玉地与肉糕地相生，偶尔含灰黑肌理，间又隐小品块，质坚细带微脆。鸡血红斑呈极细微点状，聚散不一，千姿百态，极为娇艳妩媚，且石的六面血色皆浓密，实属难得的精品。鸡血红的，固以红鲜定其优劣，然而需有良质好色搭配才出色。再者，要能方正高大，最好又能成对，成对者纹理又要活泼对称，才算完美。

3 | 昌化鸡血石的选购标准

在选购昌化鸡血石时，最难办的是评价其质量和价格。现在，在这方面，还没有一个严格的标准。但是，根据血色、质地和形态等特征，还是可以大致确定的。

（1）珍品。一般来讲，珍品应为鸡血色鲜红至浓红，血含量在50%以上，鸡血形呈团块状；质地为全冻地，无裂纹、杂质；外观美丽。

（2）高档品。高档品应为鸡血色鲜红，血含量为30%～50%，鸡血形呈团块状、条带状；质地为冻地或纯净软地，裂纹、杂质极少；外形美观。

（3）中档品。中档品应为鸡血色鲜红、大红，血含量为10%～30%，鸡血形以条带状为主；质地为软地或软地与冻地相间，裂纹、杂质很少或不易发现。若血色分布有独特形态，如“旭日东升”“云开日出”等，则档次可相应提高。

（4）低档品。低档品应为血色大红、暗红，血含量小于10%，血形呈云雾状、星点状；质地主要为杂软地、刚地、硬地，常见裂纹、杂质。

二　昌化鸡血石的保养

昌化石的保养技巧主要有以下几点。

第一，上蜡保护，即在经过雕刻加工后，将成品低温加热，再在其表层涂上均匀的薄层蜡，待冷却后用软布擦亮。因印石硬度一般在摩氏2～4级之间，所以切忌与硬物碰撞。尽量避免长时间日光照晒，若有轻度褪色，可用砂纸（1000～2000目）细磨，上蜡后适当涂擦一层薄薄的白茶油或发油即可。

第二，制成品封蜡抛光后，用锦盒密封保存在阴凉处；如长期收藏，也可只封蜡不抛光，让表面留一层薄蜡，这样可以使石材的光泽、色泽不变。

第三，鸡血石切忌在阳光下曝晒，或长期置于强光下，并避免长期置于高温环境中。因为鸡血石的汞元素在阳光的暴晒和高温环境中容易走失而引起血色变紫、变暗或变淡。

第四，在室内的摆件、石玩等要经常擦抹。如陈列时间长而沾染了灰尘、污质，可用细软绸布或绒布轻轻擦抹干净，再用细毛刷蘸油刷一层薄油，即可恢复光彩。

△ **巧色昌化石螭虎钮对章**

长5.3厘米，宽5.3厘米，高6.5厘米

△ **昌化鸡血石摆件**
长8厘米，宽9厘米，高15厘米

第五，一些小摆件、石玩、装饰品，最好经常用手摩挲抚玩，也可在脸上摩抹，使石面附着一层极薄的油脂，年深月久，更显古朴高雅。

第六，携带印石、雕刻品，佩戴装饰品，应避免外力的撞击、刻画和磨损，也应避免化学物质的接触，以免变质。

第七，在产地，未抛光或未封蜡的原石和成品，浸在洁净的水中保养，也能取得满意的效果。

第九章 田黄石鉴赏

一
田黄石身价步步青云

田黄系自然块状独石，外观形似卵石，但稍经摩挲便觉细腻滋润。雕琢之后，倍加绚丽夺目。潘主兰诗云：“吾闽尤物是天生，见说田黄莫与京。可望有三温净腻，绝非夸人敌倾城。”

田黄石产于福建福州市北郊寿山村的田坑，是寿山石系中的瑰宝，素有“万石之王”的尊号。由于它有“福”（福建）、“寿”（寿山）、“田”（财富）、“黄”（皇帝专用色）之寓意，具备细、洁、润、腻、温、凝印石之六德，故称之为“帝石”，并成为清朝祭天专用的国石。

△ **田黄石印　明代**

△ **田黄石印　清代**

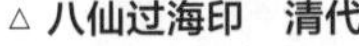

△ 八仙过海印　清代

△ 八仙过海印　清代

田黄石是怎样登上石帝宝座的呢？查阅有关文献史料，自宋至明均评寿山石以艾绿为第一，未见有田黄为石中之王的记载。

由此可见明朝以前，田黄石还不为社会所重视。施鸿宝《闽杂记》载：“明末时有担谷入城者，以黄石压一边，曹节慜公见而奇赏之，遂著于时。”

清朝初期，福建地方官吏将田黄石作为贡品进献皇宫，得到皇帝的赏识。据传，乾隆时每年元旦祭天，必置田黄石于供案中央，寓福（建）、寿（山）、田（黄）吉祥之意。顿使田黄石身价剧增，豪门权贵争相搜罗。

正如毛奇龄《后观石录》所说：“每得一田坑，辄转相传玩，顾视珍惜，虽盛势强力不能夺。”自此，田黄才登上了石帝的宝座。

清代皇室会收藏许多田黄石精品。据陈亮伯《说印石》载，他曾旧藏怡亲王田黄双凤章，古旧苍润，世无其匹。又说尚古斋有怡邸田黄六方，其两方成对者，大如皇帝之玺，上篆“怡亲王宝”四字。狮钮，极恢奇，高四寸半，围径尺四寸半。

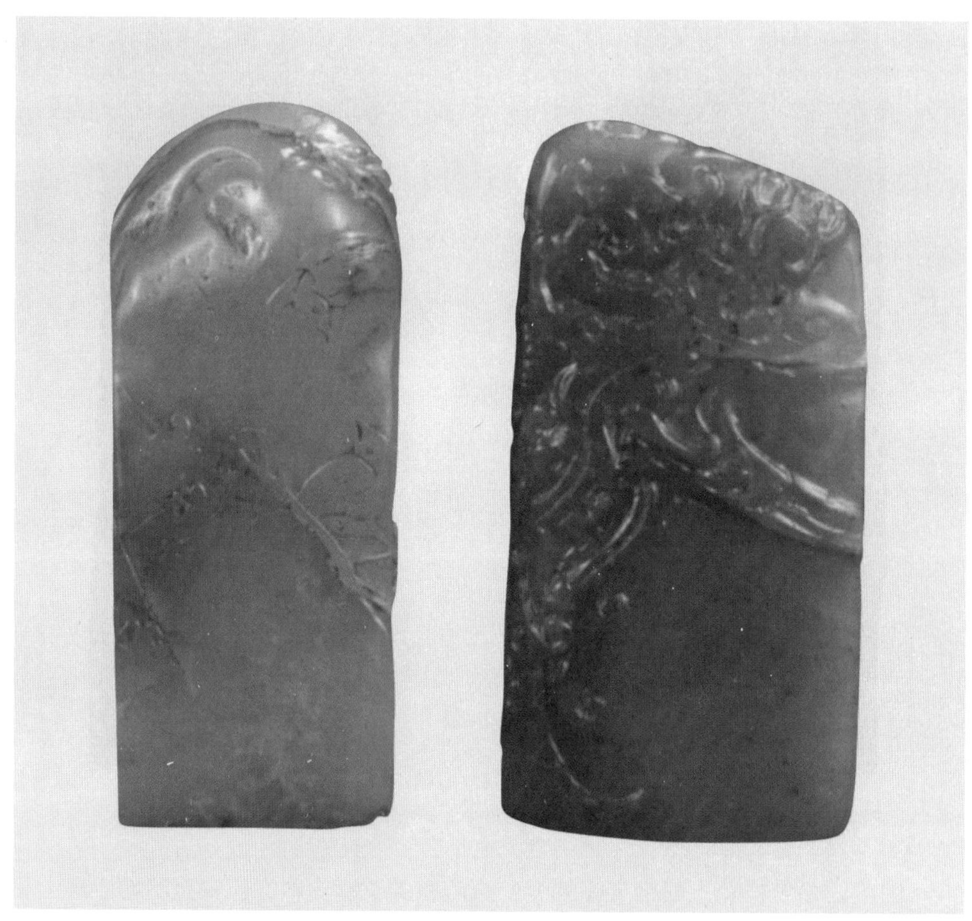

△ **寿山田黄石薄意章（一对）**

陈亮伯赞道："真巨观也！"宣统皇帝爱新觉罗·溥仪在《我的前半生》一书中回忆：乾隆皇帝珍藏一件无价之宝田黄石印，是用田黄石刻成，由两条石链连结起来，雕工极为精美。

自清以来，田黄石售价剧增。据陈亮伯《说印石》载，他初入京时，田石价"每石一两价自六两至十五两而止"。时过不久，价大涨。

崇彝《说田石补》也说："田黄之价，继长增高，较诸十年前何止倍蓰。"并举所见为例：一枚双狮钮方体田黄印"七两之石，竟得价二十数百元"。一枚长方六面田黄印"重不过一两四钱，闻估人竟以二百五十一元竞取之"。如此高昂的价格，难怪连崇彝这样的富豪也惊叹"为之舌翘而不能下"。

史载，清时福建巡抚用一整块上等田黄雕刻了“三链章”，乾隆皇帝奉为至宝，清室代代相传；咸丰帝临终时，赐予慈禧一方田黄御玺；末代皇朝解体，溥仪将那枚“三链章”缝在棉衣里。

据文献记载：当年一块重0.55千克的原石售价为3 000两黄金。

1980年冬，在广州举办的福州工艺美术展览会上，有位美国教授花了14 000元人民币，购买了一颗重为121.5克的田黄石。

两年后，寿山又采掘到一颗重950克的大田黄石，以100 000元人民币售出。

1983 年，重2.15千克的田黄石在福州标价200万元人民币。

1985年在香港举办的“中国书画·印石展览会”上，一颗重350克的田黄印石，被收藏家以68万元港币所认购。

2002年5月，一方小型印章料在一展览会上要价30 000元人民币，是一般优质寿山石章料的100倍。

△ **寿山田黄石摆件**

高3.2厘米

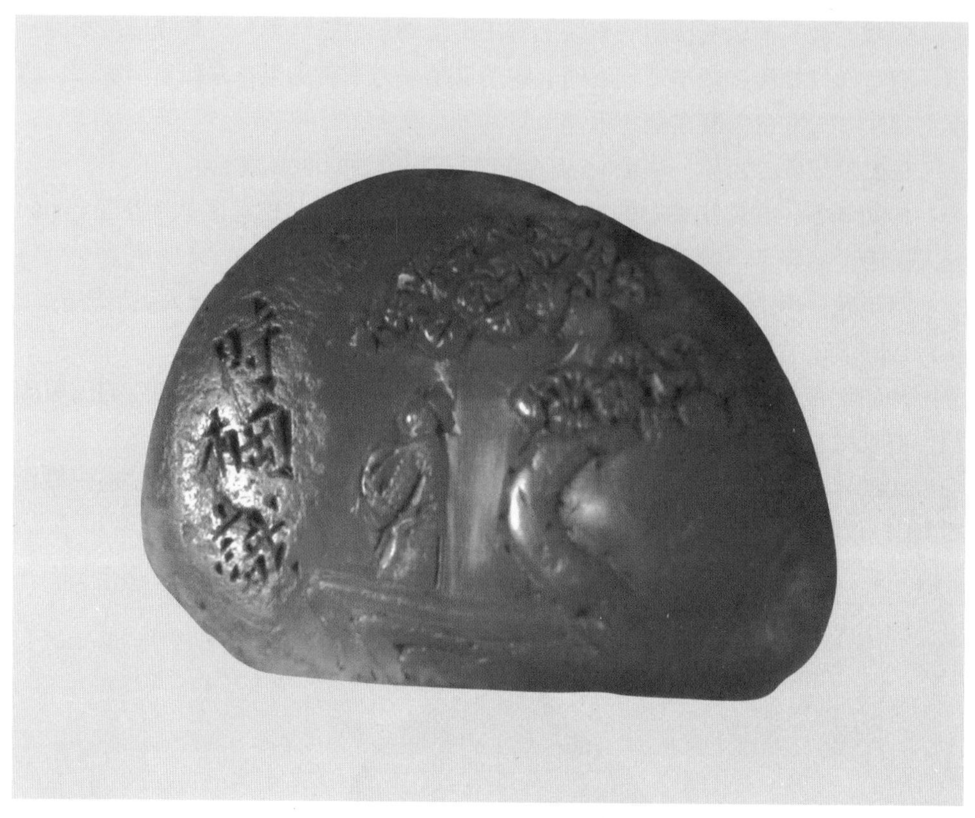

△ **田黄石雕件**

从上面几个价格推算，近十年来田黄石增值数十倍，甚至逾百倍，仅极少几位大师级画家的画价可比拟。

一块小小的石头，竟有如此的魔力和经济价值，因此引起人们的重视。那么，究竟它为何如此珍贵？

其中一个原因是因为在地球上，只有福建寿山村一条小溪两旁数里狭长的水田底下的砂层中才有。且经过数百年来的连续采掘，寿山村的水田已被翻掘了无数次，目前已开采殆尽，上乘的田黄石早已是无价之宝。

近年国际市场上田黄石的价格继续上涨，由于存量稀少，能成材者更难，收藏家竞相罗致而不可得。古时即有“一两田黄一两金”之说，而今已是“两”对“斤”了。

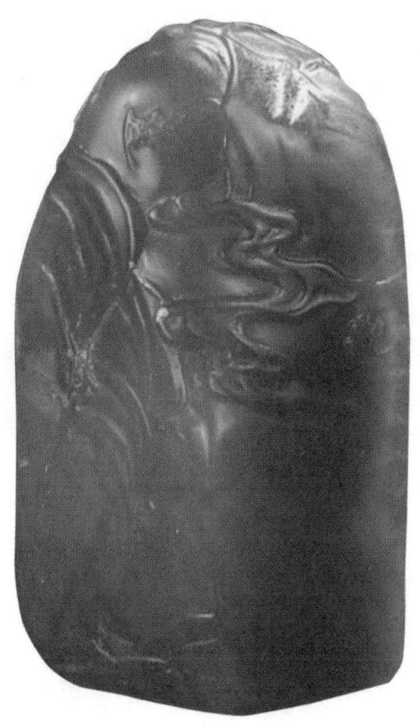

△ 寿山田黄石福从天降薄意章
高5厘米

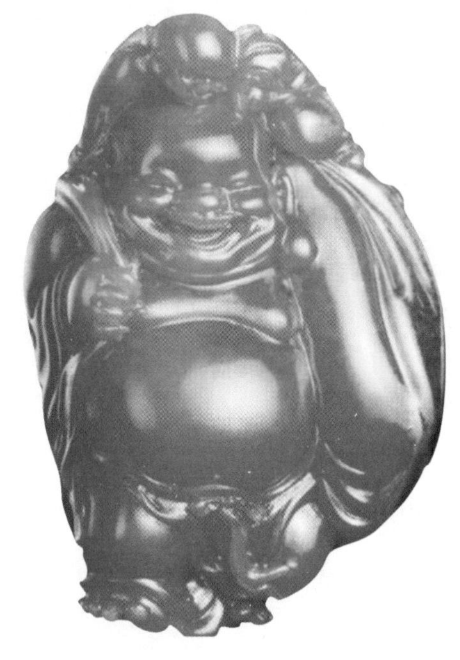

△ 田黄石摆件　林东作

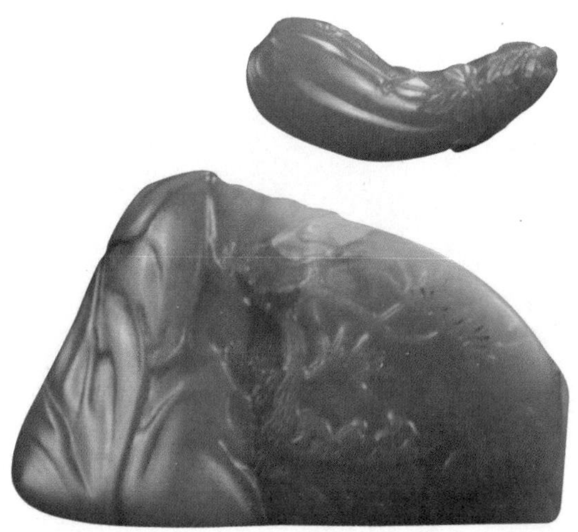

△ 寿山田黄石摆件（三方）

△ **寿山白水坑冻石摆件**

高12.8厘米

二
田黄石的类别

田黄石的品种分类有以下几种方法。

按挖掘地点的不同，田黄石有上坂、中坂、下坂和碓下坂之分。上坂又称溪坂，指靠近坑头溪水发源地一带的水田，所产石色较淡，质地通灵，近似坑头水晶冻；中坂紧接上坂，下至铁头岭，所产田黄石色浓质嫩，堪称标准；下坂位于溪水汇合处之下游，石色接近桐油，质地凝腻；碓下坂靠近鹿目格，质粗硬，色黝暗。

按传统习惯，田黄石的品种分类一般不以产地为依据，而是按色泽和质地的不同来定名，主要可分为黄田、白田、红田和黑田四类。

黄田又有黄金黄、橘皮黄、枇杷黄、熟栗黄、桂花黄、肥皂黄、糖粿黄和桐油地等不同色象。其中，石质特别通灵的又称田黄冻。

白田色非纯白，多略带淡黄或蛋青色。萝卜纹明显，有红筋，格纹如血镂。

红田十分罕见，色如橘皮，鲜艳通明，又称橘皮红田。表层呈现红色，肌理则仍保持黄色，这种石民间也称之为红田。

红田有两种：

其一系天然生成，质细嫩凝腻，微透明，肌理隐含萝卜纹，绵密而欲化。其质纯优，凝灵成冻，为田石中色度最饱和者，属稀有石种。

其二据说其形成原理是因为山田被火或农夫在田中烧草积肥等人为原因，使土层下的田黄石受高温熏烤，使蕴藏其中的田石受高温侵袭，表层氧化铁引起化学变化，逐渐变红，肌理仍保留原色，石农称之为煨红田石，此石因受热后干燥易裂，少有珍品。

黑田有黑皮、纯黑和灰黑三种。黑皮又称“乌鸦皮”，表面有黑色层。纯黑则通体黑中带赭，萝卜纹较粗。灰田则呈淡灰色。

此外还有两种，一种是银裹金，外裹白色层，内为黄色者；一种是金裹银，外裹黄色层，内为白色者，实属稀罕。

△ 红田印　清代

△ 白田印　清代

△ 白田印　清代

寿山溪中偶尔可以看到因山洪冲荡而落入溪底的田黄石，名为溪管烛石，或称溪中冻。这种田黄石久蕴水中，历受浸蚀，外表泛淡黄或雅黄色，莹澈可爱，别有韵味。清代高兆《观石录》记：“至今春雨时，溪涧中数有流出，或得之于田父手中磨作印石，温纯深润。”则指这种田黄石。

田黄石中，凡质地粗劣者，不能列入珍贵石品，别其名曰“硬田”。

△ **薄意四君子随形印　清代**

三 田黄有“六德”

中国自古以来就有“玉德”之说。在福州，古人对田黄肌质的品评，也有精辟的论定，认为田黄有“六德”。

田黄具有的“六德”是：温、润、细、结、凝、腻。古人以此作为评判田黄石或他石的等级标准，也通过这“六德”来识别田黄的真伪。

温润是田黄的重要特征之一。各色田石，即使是白田或黑田，灯下透照石心皆泛黄红之光，宝气灿烂，此为“温”，唯田石独有。“虽寒冬腊月，亦感温存有情”，此说有文采，却缺知识、少科学、理论性不足，易起误导作用。

田黄石入手可亲，手感脂润，仅芙蓉石与之相近。常年不上油，也不燥不变，一经摩挲便觉油光欲滴。

田黄与他石相比，质地细腻而凝嫩，这又是它的一大特征。它兼具有寿山的山坑、水坑及各类石种的最优秉性。其不松、不绵胜水坑，不脆、不涩胜山坑，不硬、不燥胜山石。

△ 田黄印　清代

四
不同产地田黄的特征

从上、中、下、碓下等各坂所产的田黄来看，其质地均有优有劣，各具特征。中坂多出好田石，凝润灵透。上坂田质偏嫩，细腻而晶透。

下坂田质较坚结，色多偏黝，然亦通透，唯其中常含有细黑砂点。下坂多出灰黑田。上、中、下各坂均常有乌鸦皮田出产。白田多出自上坂、中坂，是质地最细嫩的田石。

碓下坂田也不乏有质地细凝而通透的，但大多润度稍逊，色接近于下坂田，微黝而黄褐，其皮多为黄色，稀而且薄，肌理的外围常有小白点，如虱卵。

另有“搁溜田”，出自寿山三坂附近的溪田中，且多为偶然拾得，其质多粗涩干裂。

“九手田”，传闻早年有五人合伙在善伯山脚采石，因不慎失手而得名。另一说是，因该地所产山石皆为深层砂土中所出，土坑挖得较深，从坑底到坑面要传按九手，故而得名。

“回龙”“双溪”皆因地名而得名。回龙、双溪两地本不产石，乃上游的田石顺溪流而下，埋于浅土之中，应属搁溜田。这些田石中，石质也有比较好的，似碓下坂田或部分下坂田。其浅表石色多偏沉黝，如染酱油，而石心则略灰白，灯下透照则显褐红色，红甚浓，或无萝卜纹，或有清晰的丝状纹，肌理常带有小白点，多无裹皮，仅少数带有小片稀薄黄皮。裂格较少，与上游诸坂之田相比，温润度差且质稍硬绵。

各坂所产的田石，近山边的，质多粗硬，皮多松涩或粗杂；近溪边的，质则灵润。正如“橘生淮南则为橘”，土壤砂质的不同，对田黄石的质地也有很大的影响。含铁砂质较多的砂土中，其皮甚至肌理也常有细黑砂点，系物理渗透和化学变化所致。如下坂所出的部分田石。

上坂砂层中所出的白田或淡黄色田，常见外层的肌理中，伴有灰白色泡状砂斑，或似白皮，又似雪花，颗粒如砂，松涩不利雕琢。

五
田黄的色

田黄的颜色，有人说鲜而不俗，有人说不浮不沉。何为“不俗”？即稳而不浊。而“不浮不沉”则是含混不清的肤浅表述。

黄色是儒家思想及道教、佛教中地位最高的色彩。《易·坤》云“天玄而地黄”，指出天地之色。在阴阳五行说中，土居中，故以黄为中央正色。同时，黄色又是天子、黄河的象征。

△ 狮子滚绣球印　清代

田黄的产地、名称含有“福”“寿”“田”的吉祥寓意（取“福建、寿山、田黄”之首字）。正因这诸多因素的巧合，田黄不但石色贵，且预兆美好，无怪乎一经面世，即被视为人间尤物，充作贡品，进入皇家，也成为豪门贵族、文人雅士争相收藏的对象。

这里将部分常见的田黄所含的主要色彩及色彩纯度、浓度和田黄肌质的通灵度等，作一对比，列表如下。

田黄测评信息采集表

田黄色类	色度	所含主要色素：主+次	色彩纯度	肌质通灵度	品级
橘皮红	浓	深红+黄	高	灵、纯	极品
煨红	浓	束红+黄	高	半通灵	上品
橘皮黄	微浓	黄+深红	高	灵、纯	上品
黄金黄	中	朱+黄	高	灵、纯	正品
枇杷黄	中	黄+赭红	中上	灵	正品
银裹金	中	黄金黄+粉黄	中上	灵	中上品
桂花黄	淡	琵琶黄+粉黄	中下	半通灵	中品
鸡油黄	清	黄金黄+芽黄	高	灵度强	中品
熟栗黄	暗	褐黄+黄	中下	半通灵	中品
糖粿黄	沉	熟栗黄+褐黄	低	微通灵	下品
肥皂黄	浊	糖粿黄+黄	低	灵度弱	下品
番薯黄	浊	黄金黄+粉黄	低	微通灵	下品

所谓“银裹金”，其实有两种类型。一种介于白田、田黄之间，外具白田肌质，内心近似黄金黄之质。白田多数带有黄心，黄心多的，即属银裹金。再一种则为白皮之田黄。

传说有一种“金裹银田”，极为罕见，即使是一些专家也说仅闻其名，而未见石。但还是有藏家藏有实物，专家始信确有“金裹银田”。

黑田多出于下坂，而乌鸦皮田则常出于上、中、下三坂。多数乌鸦皮田，其肌理属黄色田。黑田中也有多带黄皮的，也不称其为黄田。况且，白田中也有裹黑皮的，通常也不归于“黑田”类，仍称作“白田”。

可见，乌鸦皮和银裹金两种田，都具有特殊的色性——多重性。所以乌鸦皮田同银裹金田皆应另列门类为宜。

一块田黄的肌质，其内外色泽也非一成不变。除白田以外，大都是外浓而内渐黄淡，尤其是宽厚的田黄，内外极少是一色。

假田黄仅仅是外观色浓，内里却反而空荡。

六 田黄“国石”的争议

几年前，我国藏石界开展国石选举活动，候选石中有福建省寿山石，因此有人提出“田黄应尊为国石”。

而上海的陈鹤鸣独唱反调，他认为田黄不宜作为国石。理由如下。

田黄为广大民众所不认识，即使多年经营印章石的商人和多数篆刻工作者也不能辨认。可以说能真正鉴别田黄石的人在全国也是凤毛麟角，为数极少。陈鹤鸣曾做过有趣的社会调查，一个百余人的旅游团中无一人能识别田黄；一个500多人的单位里竟也无人能识别田黄。如果作为国石，老百姓都不认识，听任玄虚，益在何处?

田黄容易造假。目前在市场上出售的假田黄石几乎占95%以上。除田黄本身稀少，能获取高昂利润的驱动外，还有田黄本身容易造假的原因。田黄的造假，只要用简单的方法就能获得像“真”的外形。作为一种国石，如果能非常容易被造假，会给人们造成不良印象。

田黄是皇帝“捧”出来的。根据有关书籍资料介绍，田黄开始并不值钱，后来经皇帝将相们的哄抬，才被誉为“石帝”，捧到天上。把它定为国石，广大百姓能接受吗?

田黄的身价，要靠艺人的功劳。田黄是一种独石，无根而璞，无脉可寻。如不开皮加工难见其貌，而加工田黄的雕刻者名气越大，所加工的田黄的价格就越高。这不是指石而言，而是指艺而言了。这种靠人为因素造就之物，作为国石未免有“借光”之感。

田黄定义受时代局限，造成现今的混乱与不良的后果。由于田黄定义在田坑所产之石，这样把在溪流、沙丘、山坡所产之石以及其他独石排斥在外，以至于

△ **龙钮印　清代**

出现了许多相似的名称，如硬田、沙田、掘性独石、旗降田、牛蛋田、坑头田、鲎箕田、鹿目田、善伯田、芦荫田、溪蛋田等，造成了目前许多涉及此石者浪费精力和无谓耗时的争论以及石商造假、识者难辨等弊病。如果定为国石，这种种的不良后果将会加剧蔓延。

田黄是印章石的一种。在诸多印章石品种中，也绝不能断定其可获冠军。按陈鹤鸣收集印章石的标准，印章石必须具有实用性、工艺性、欣赏性。三性能融为一体的则必定是好印石。用这三性衡量田黄石，则田黄石可能会输给同类中的高山巧色冻石、昌化鸡血冻石和巴林鸡血冻石等品种；按传统评定“印章三绝”红黄青（指鸡血石、田黄石、灯光冻）的说法，田黄也只能作为并列冠军。

田黄从石质分析，也不能断定为印章石之首。一般总把田黄形容为“晶莹瑰丽、温润光腻、似有灵气”，这种形容词可以用来形容多种印章石品种。从科技角度对其化学成分、物理性能、分子结构晶体排列、颜色、硬度、比重、透明度、折光率、发光性等加以分析与比较，才能说明问题。

所以，陈鹤鸣说：田黄是一种经过大自然（水、土）长期调质处理的寿山产的地开石而已，不宜把它独树一帜作为国石。

当然，陈鹤鸣的观点只是一家之言，作为收藏，田黄石的收藏价值仍是相当高的，这也是客观存在的事实。

第十章 巴林石鉴赏

巴林石通常的分级方法是按照内蒙古自治区人民政府制定的《内蒙古自治区地方标准・巴林石》的标准要求来进行。该标准对巴林石的颜色、质地、重量、光泽、硬度、密度等都提出了技术要求，并划定了标准等级，明确了鉴定办法和判定原则。对巴林石进行鉴定时，可先确定是属哪一类巴林石，然后按照技术要求一项一项地进行对照，确定品级。这样，就会对自己手中的巴林石有一个较为清楚的认识。

巴林石四大品类的鉴赏

1 巴林鸡血石的鉴赏

鸡血石是巴林石中的极品，人称“巴林鸡血石”。巴林鸡血石产量很少，其比例只占巴林石总量的0.5%，鸡血石汞含量一般在0.01%～0.05%。

由于巴林鸡血石产量越来越少，其价格也在不断上升，越显昂贵。如何鉴赏巴林鸡血石显得越来越重要。巴林鸡血石主要看血色和质性这两大特征。其次看形状和色泽等几个方面，仔细鉴赏即可。

血色。血色主要包括鲜、老、深、浅、正、暗等几种。血色鲜艳，血色正，其血多，成片状，给人一种娇艳欲滴欲流的感觉为上上品；血色深且色正为上中品，血色深且色暗为上下品；血浅色淡为中上品；血紫色黑为中下品；血为红黄色且又鲜又嫩发荧光为极上品，也叫“血王血”；血为黄红色，起荧光，也称之为“鸽子血”，为极品。

质性。质性是指血石的质地温润、细腻、光滑、净透而又富有灵性。温润、细腻、光滑一般能直观看到。手感好，犹如抚摸婴儿的皮肤之感触。净透、灵性主要指洁净、透明度和情韵。色泽指血石地子的颜色。目前产出的巴林鸡血石其色泽有几十种，一般讲色彩纯正为最佳。如黑色、绿色、白色、黄色、蓝色等也为最佳。紫色、红色等易和血色混，淡化血色。总之，巴林鸡血石地子的色泽以黑黄白者为贵，以绿蓝者为罕，以净洁者为佳。

△ **吉祥如意巴林鸡血石摆件**

高9.5厘米

形状。形状可理解为鸡血原石（也叫毛石）和成品（也叫工艺品）。原石的形状大小不等，形状也各不相同。成品也有大小之分、品名之分等。品名上主要加工章料（印材）其尺寸不等，还有雕件、手把件、饰件、随形等。血石印材价格较高些，因为加工印材的原料要挑选上品，无缝无绺，杂血不多，又不损材。反之加工雕件或随形。而小块制作把件等。总之，无论印章、雕件、随形、把件、饰件，都有精品、次品，都有收藏价值、艺术价值、鉴赏价值，印章还有使用价值。

色泽。巴林鸡血石本身具备温润、细腻等特点，经过精细的磨光加工后，会出现一种自然的光泽。不必打蜡上油，最适宜把玩、人体摩挲。如果是大件石，可以找行家重新抛光上蜡，放在日晒不强的架橱上，不要上油。购买的原石要放在空气湿润的地方，最好用潮湿沙土埋藏保护。已购买上过油的鸡血工艺品种等要想长期收藏，最好找巴林石行家把油浸出，然后再加热上蜡。要间隔数天上蜡2~3次，这样便可永久保存。

2 巴林冻石的鉴赏

鉴别巴林冻石同鉴别其他类别的石种基本相似，主要根据形、色、地和绺、裂、杂色质等几个方面进行认真观察即可。

形，即形状。一块巴林冻石，看它形状适宜做什么材料。如方形，切割印章不浪费材料，卵石形适宜雕摆件，或是磨成自然形，总之要因材施艺。对成品的形状也要认真观察。如印章，看尺寸是否标准，是否方正。摆件的工艺造型是否艺术，是否合理等。这叫赏形。

色，指颜色。看冻石或成品的颜色是否统一，浸染色是否一致、协调，光色是否鲜明等。色彩纯正鲜明的品种为上品。色彩如太杂、太乱又没有意境，也不能利用的为次品。所以说冻石的颜色很重要。

地，是质地。质地包括冻石的软硬、脆绵等石体的性质，还包括其透明度等。质地在鉴别冻石中也是非常重要的一关。必须详细察看，首先用金属工具试一下软硬度，断定是什么性质的石料，然后借用阳光或灯光观察它的透明度，是明透、半透、微透还是非透明。这些标准都看透了，做到心中有数，就能断定其价格是否合理，品种为极品、绝品还是上下品。行家们常以阴、灵、油、嫩、细五个方面鉴别冻石。阴，指部分或全部呈现阴暗色调。灵，指石头所呈现的灵动感，属感性范畴。油，指为油脂质还是蜡性质。嫩，指质地软、绵、润，不硬，

△ **巴林鸡血石章**

长2.3厘米，宽2.3厘米，高8.7厘米

不脆。同时还看是否透。细，指质地细，不粗糙、不松散而又富有灵性。当然，质地软硬适度，呈现透明状或半透明的冻石为极品或上上品。

此外就是根据石体或工艺品是否有绺裂纹和杂质等方面，来鉴别巴林冻石。

杂质主要是石体上有石花、石钉、石线和杂花地等。有绺和杂质的，一看便知。要看其杂质是否能处理、而已处理的是否得体等。

绺裂纹有时难以发现，挑选时要认真仔细。查看裂纹，一是石体斜照日光或灯光，看其各面是否有裂纹，如果有，用这种方法定能发现；二是用手挤压，当对石体加重压力时，有裂纹的地方会出现明显的水或油沁出的印痕。还有的把裂纹用胶进行处理过，但用光斜照可看到比原石发亮的胶线。常见的绺裂有死绺裂，为通天的，非常明显，无法补救；有活绺裂，是指细小的能剔除，能补救。还有胎绺裂，是指在石体里面，外面见不到。有绺裂的，为次品。

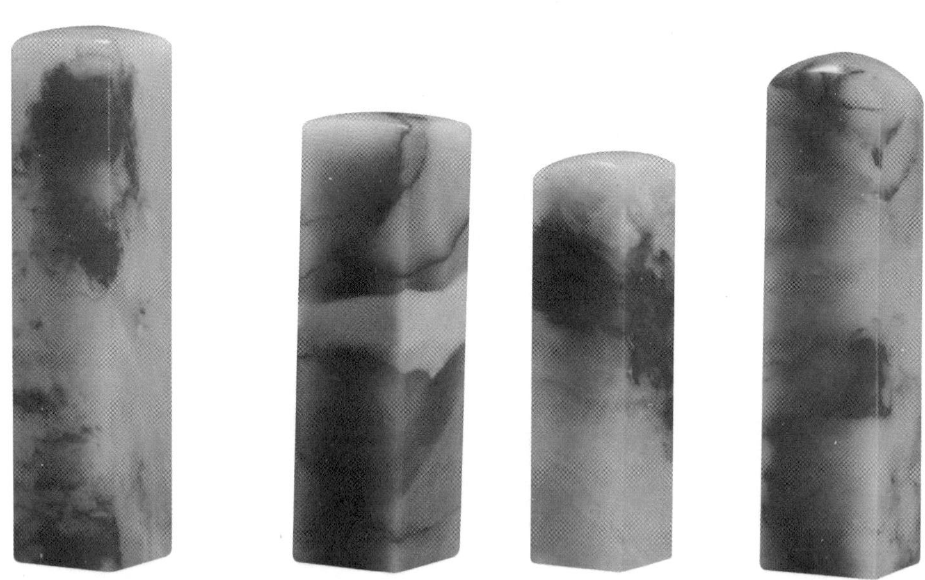

△ **巴林鸡血石章（四方）**

长2.6厘米，宽2.6厘米，高8.7厘米　长2.1厘米，宽2.1厘米，高7.8厘米　长2厘米，宽2厘米，高9.2厘米
长1.8厘米，宽1.8厘米，高7.1厘米

目前市场上巴林冻石造假的现象很少见到，原因可能是其价格还没有达到特高的界限吧！但色彩上出现过做假的，为炮色。如把价廉且浅色的冻石染成深色的品种出售。染色的方法有两种，一是蒸煮法，二是辐射法。如细心观察是能够鉴别出来的。再者是用外地的石种冒充巴林冻石。这种石料比巴林石略硬或软，用刀一刻便能发现。现在作假最多的是巴林水草冻。其作假的方法是用油性墨在巴林冻石面上画草，如不认真观察就会上当受骗。只要仔细观察水草面就会非常容易识别，假草图案石的用墨痕迹明显，缺乏刀剔感。

3 | 巴林彩石的鉴赏

巴林彩石是别具特色的，花纹奇异，颜色艳丽不同凡响。它的色彩以白、红、黄为主，青灰、紫色次之，由此构成诸多的纹饰。具体可分为两种类型，一种是普通的彩石，最常见的有红花石（浸染赤铁矿所形成）、黄花石等；另一种带有象形图案、纹饰，是蓝灰绿或棕黄色的半透明至不透明石表，花纹分布在彩石内的三维空间，酷似镶嵌石品，如泼墨花纹、水草花、金丝草等。花纹形似松叶，串串密布，或似松枝，迎风摇曳，形象生动，富有情趣。

彩石中的构象图案则介于似是而非之间。如白色质地中由奇形怪状的纹饰构成“西天取经”图，似马非马，似人非人；由枯草黄和绿色构成的草原，上有风卷残云般的变幻图案；由鸡血呈火焰状展现的“燎原”“梦幻世界”“风云”等图像，也引人入胜。

巴林彩石以色彩见长，绚丽多姿，富于情趣，常伴有天然图案隐现其中。尤其切割之后，时时会剖出意想不到的景物，形在似与不似之间，引人想象。有的图案十分逼真，令人惊叹；

△ **巴林粉冻鸡血石章**

长3厘米，宽2.9厘米，高12.5厘米

有的一团色彩，一派抽象韵味；还有的干脆就是一幅山水画。此类石种也适宜切割对章，拼对出的图案更是千姿百态，且十分对称，人物、动物、昆虫、花卉，栩栩如生。其中一些品种石质优良，富有特色，丝毫不逊于上等冻石。此类石种也分脆料、绵料，各品种间石质优劣悬殊较大。

鉴别巴林彩石同鉴别其他石种相近，主要围绕形、色、质、伤这四个方面。

形，即指形状，是指大小、薄厚，属于何种成品，是方章还是扁方章，是圆雕还是浮雕，是毛石还是随形等。因为形状不同的巴林彩石有不同的价格。鉴别原石，也叫相石，主要是看适宜做什么，如何利用色形进行雕刻，选用什么题材好，等等，这些内容也叫赏石。赏石的学问很多，也非常重要。赏石赏好了，论价有据，物尽其用。

色，是指颜色，包括色调、色相、色泽、内色、外色等。色也叫呈色，观石

△ **巴林鸡血石章（五方）**

长2.2厘米，宽2.2厘米，高7.7厘米　长3.4厘米，宽1.2厘米，高7.8厘米　长3厘米，宽1.9厘米，高4.2厘米
长1.6厘米，宽1.5厘米，高6.1厘米　长1.6厘米，宽1.6厘米，高5.8厘米

首先看其呈色如何，什么颜色为主，即色调。深浅如何，清色还是混色，色彩是否均匀协调，杂色多还是杂色少，是否易于利用或处理，等等。赏石时，对色彩的品评也是至关重要的，以色论石优劣，以色论价高低，以色论作何材等。色泽好，单色调，色鲜净洁不乱为极品或珍品、佳品，这是公认的鉴石之名言。

质，是指质地、质性。质地包括石质粗细程度，绵脆性质，光泽强弱，是什么光。透明度高低，软硬程度，品位高低，石内含什么矿物成分等。一般来说，石质细腻，剔透，光强，性绵，硬度适中，主要含地开石矿物成分的石质为极品、珍品或佳品等。

伤，是指伤残。主要包括裂纹、小绺、残破，或少尺寸、有杂斑等。无论是鉴别彩石的原石，还是彩石制成品，首先要检查是否有残缺，就是俗话所说的“找毛病”。一是挑石体上是否有大裂纹或小绺裂；二是检查成品的边角是否伤

残，表面有无砂眼等；三是看成品尺寸是否足，安排尺寸是否合理。比如一方印章看四面尺寸是否相等，如大头小尾，或一面宽一面窄，缺角抹头等，这些都是有“伤”，但要分清是轻伤、重伤还是微伤。印章宽窄相差0.5毫米为微伤，相差1毫米内为轻伤，超出1毫米是重伤。所有裂纹、大绺都是重伤。最后看是否有杂花硬杂质或微小砂丁等，有硬杂质的会影响质量和价格，有砂丁和杂质少的会影响价格，多的还影响质量。一般来说，石品无伤残的为极品或珍品，有微伤残的为佳品，有重伤残的为中品或次品。

4 | 巴林福黄石的鉴赏

巴林福黄石由于埋藏在地表，储量低，再加上开采早，面临枯竭。目前市场上见到的也很少，因此其价格也不菲。俗话讲“物以稀为贵”，石商们叹曰“鸡血易得，福黄难求”。如何鉴别珍品福黄石也就显得十分重要。鉴别福黄石，首先要知晓福黄石的油润、细腻和净透等特点。上品福黄石的鉴别方法：

一是看色彩。颜色特别正，韵调一致，要浓就浓，要淡就淡，或是不浓不淡。二是看光泽。光泽亮丽、柔和又油润。三是看地子。地子洁净无杂质，呈现透明或半透明状。四是看质性，也是特点。首先看石质特别细腻，犹如提炼的鸡油脂一样而且润透。其次是看纹理，其纹理只有用40～50倍及以上的放大镜细看才能看清，所有巴林石中都有点状的金属片，其他石均不具备此特点。最后是手感。用手抚摸，手感特别好，不滑不燥，不黏不浊，不冰不热。如果具备“细、洁、润、腻、温、凝”六德便是福黄石中的珍品。福黄石中的鸡油黄为珍，蜜蜡黄为贵，水淡黄为品，黄中黄为美，金末黄为奇，桃粉黄为罕，质地纯净者为佳。福黄石色泽不纯有杂质，暗、黑、浑浊、沙粒粗，或缺少油润感等，为次品或下下品。

鉴别福黄原石要看石皮是不是褐色，然后用刀刮一下石皮，看石地有没有杂质；色泽是否正；质地是否细腻、光润等即可论价。

福黄石的保养同鸡血石一样，加工后再用水砂纸打磨，先用500目、1000目、1500目、2000目砂纸蘸水顺次打磨，最后用3000目再换干净水进行最后一次抛光，然后用手或皮肤摩挲数分钟即可。不要上油或打蜡，尤其上油对石头有化学反应，不但保护不好石头，还会起到破坏作用。福黄石目前在市场上也出现很多赝品。有树脂胶制作的，也有一些外地石头充当的。如内蒙古兴安盟出了一种黄石头非常接近巴林福黄石的蜜蜡黄，不仔细察看难以鉴别。

其他一些品种地上虽有黄色，但面积太小，不够纯净，形不成主色，因而划为其他品种，不属于福黄类。